CÉSAR ZAMORA CÁRDENAS

El arte de curar animales

Desde la antigüedad hasta el futuro inmediato

CÉSAR ZAMORA CÁRDENAS

CÉSAR ZAMORA CÁRDENAS

**El arte de curar animales.
Desde la antigüedad hasta el futuro inmediato**

DERECHOS RESERVADOS
Copyright © 2019 César Zamora Cárdenas
Todos los derechos reservados.

No. Registro derechos de autor: 03-2018-041012513500-01

Prohibida la reproducción total o parcial de esta obra,
por cualquier medio, sin autorización escrita del autor.

Impreso por Amazon

CÉSAR ZAMORA CÁRDENAS

DEDICATORIA

A mi esposa
A mis cachorros

Mi princesa Nathali

Al genio César

Y al verdadero guerrero dragón Rasec

CÉSAR ZAMORA CÁRDENAS

AGRADECIMIENTOS

A Ave Fénix, Círculo de Escritores,

por su apoyo y colaboración en el desarrollo de esta obra.

A Leticia García Robles, por compartir su experiencia y conocimiento, haciendo posible la publicación de este libro.

A Norma González Hermoso, por su compromiso y paciencia que fue fundamental para el desarrollo de esta obra.

A María Magdalena O´Connor Jiménez, por aceptar participar en este proyecto con la realización del prólogo.

A Salvador Rodríguez por su participación en el diseño y maquetación, por la aplicación de su conocimiento en este moderno mundo digital

CÉSAR ZAMORA CÁRDENAS

CONTENIDO

	Prólogo	4
	Introducción	6
1.	Prehistoria. Un camino de la caza a la domesticación.	10
2.	Las primeras civilizaciones. Entre leyendas y manuscritos.	22
3.	Grecia y Roma. Transfiriendo el saber.	44
4.	Edad Media. Conocimiento oculto en las sombras.	54
5.	Renacimiento. Rompiendo paradigmas.	69
6.	Siglo XVIII y XIX. Descubrimiento de un mundo microscópico.	79
7.	América prehispánica. Revelando secretos de los territorios salvajes.	86
8.	México. El ombligo de la luna.	99
9.	Siglo XX. El ocaso de un milenio y la espera del futuro.	111
10.	Siglo XXI. En los albores de un nuevo milenio.	121
11.	Conclusiones. Diálogos con el ayer para comprender nuestro presente.	133
12.	Acerca del autor.	138
13.	Contacto con el autor.	140
14.	Bibliografía.	141

CÉSAR ZAMORA CÁRDENAS

CÉSAR ZAMORA CÁRDENAS

PRÓLOGO

La lectura de un libro es una experiencia intelectual y emocional donde reflejamos la necesidad de saber sobre nosotros mismos. El arte de curar animales, desde la antigüedad hasta el futuro inmediato, es el relato de la unión permanente y vital de los animales, el hombre y el arte. Es de fácil lectura, de breve extensión e ilustrado por el propio autor.

Arte, religión, poder, han conformado la historia de la humanidad que en momentos es gloriosa en otros cruel, hemos caminado de la caverna a las estrellas, persiguiendo caballos, bisontes, mamut y cuanto nos era útil para sobrevivir, fuimos cazadores vestidos de pieles, alimentados de su carne y protegidos cuando los convertimos en dioses. Sin duda, un gran recorrido por un trayecto de miles de años, tiempo en que los animales y el hombre se unieron en una simbiosis que ha perdido en nuestro tiempo el equilibrio. En esta época los animales son mascotas humanizadas, criados masivamente para alimentación, ignorados hasta la extinción. Los dioses de antaño ahora son productos de un mercado desbastador, que nos alimenta de mentiras, que obligan a destruir los dioses de antaño y crear otros que nos aíslan y destruyen.

El arte de curar animales, inicia en el periodo antiguo de la cultura desde la época de las cavernas y culmina en lo que su autor denomina el futuro inmediato. Entiendo esto como una decisión intelectual meditada al diseñar el contenido de esta publicación, se pensó para que fuera leída por todo tipo de personas que desearan tener la experiencia de descubrir cómo ha transcurrido esta maravillosa historia y buscar soluciones que mejoren los hábitats de todo el reino de BIOS. Conduciendo al lector con textos cortos e ilustración en un orden cronológico. Son de buena manufactura, bien hilvanado texto e imagen. El trabajo desempeñado por su autor César Zamora, conjuga el arte y la literatura con su profesión de médico veterinario zootecnista. Logrando una publicación que pone a nuestra disposición.

¿La raza humana tiene la necesidad de embellecer sus espacios e utensilios? Vasos de bronce, piedras de granito, cerámica, textiles, computadoras, casas habitación, templos, edificios públicos y privados, sin olvidarnos de las calles que ordenan nuestras ciudades. Todo el mundo artificial que es nuestro entorno lo modificamos bellamente. Con estas obras hemos llenado museos y nos vanagloriamos de nuestra creatividad. César Zamora ha unido en su publicación esta historia de belleza y talento tecnológico creado con el esfuerzo de miles de seres humanos.

EL ARTE DE CURAR ANIMALES. DESDE LA ANTIGÜEDAD HASTA EL FUTURO INMEDIATO

La trayectoria del autor para entregarnos "El arte de curar animales" ha sido larga, primero formándose profesionalmente, luego como artista que maneja con calidad el realismo, prefiere la técnica de la acuarela y el dibujo. Los años de preparación hacen posible disfrutar de: La leona herida, el código de Hammurabi, los toros alados, el demonio Pazuzu, caballos, cerdos, bueyes y leones, gatos y perros, todos al servicio del hombre.

Esta grandiosa historia debe ser leída, meditada para darnos la oportunidad de entender que el equilibrio creativo del que habló la cultura griega en la mitología, es vigente. Kaos la gran fuerza creativa. El responsable de todo lo creado y por crear, fue activado y puesto cuando se incorporaron ágape (el amor) y cronos (el tiempo).

Toda obra de arte es hecha por la necesidad del artista de contarnos algo, que en este caso es un relato milenario por el tema y contemporáneo por su autor. Deseo suerte y fortuna a mi amigo, y que uniendo el tiempo y la pasión, logre madurar paso a paso su trabajo creativo. "El arte de curar animales enseña y recrea al leerlo con un formato tradicional ilustrado y a través de medios digitales, establece un vínculo entre su pasado y el presente. Dejando una posibilidad para el futuro.

Magdalena O'Connor Jiménez
2019

INTRODUCCIÓN

Ilustración 1: Pintura en la cueva de agua tibia en Santa Isabel, Nayarit.

Conocer la historia nos puede ayudar a comprender quiénes somos, de dónde venimos, y en qué nos podemos convertir. Se puede decir que la historia es la frontera que entrelaza los conocimientos científicos y humanistas, y el médico veterinario una conexión entre la ciencia y la sociedad.

No se trata solamente de saber por saber, sino de reflexionar o rescatar el pasado, también de interpretar qué, cómo, dónde, por qué sucedió y qué impacto tuvo ese hecho en la comunidad, así como analizar qué se puede aplicar de lo aprendido a la situación actual.

El cuento de la humanidad siempre ha sido el mismo, un ciclo sin fin, un espiral, donde solo cambian los nombres de los personajes. Pareciera que la gente no ha aprendido nada en este tiempo transcurrido. Del origen primigenio de los humanos hay un gran misterio, todo se pierde en la nebulosa memoria de los tiempos, si el homo sapiens apareció en la tierra hace aproximadamente unos dos punto cinco millones de años y la historia se comienza a escribir apenas hace unos seis mil años atrás, entonces solo conocemos el tres por ciento e ignoramos el noventa y siete por ciento de nuestra propia existencia.

EL ARTE DE CURAR ANIMALES. DESDE LA ANTIGÜEDAD HASTA EL FUTURO INMEDIATO

El origen de la medicina veterinaria va de la mano con el génesis de la humanidad. Hombre y animal han caminado inseparables a través de los siglos por estas tierras hasta el día de hoy.

Aunque la educación formal de la actual medicina veterinaria tiene lugar y fecha de nacimiento, su origen se remonta a la época de las cavernas. En las ardientes arenas del Sahara africano, se encuentran las primeras evidencias de la práctica veterinaria. En este desierto, existen decoraciones que muestran la asistencia dada a los terneros.

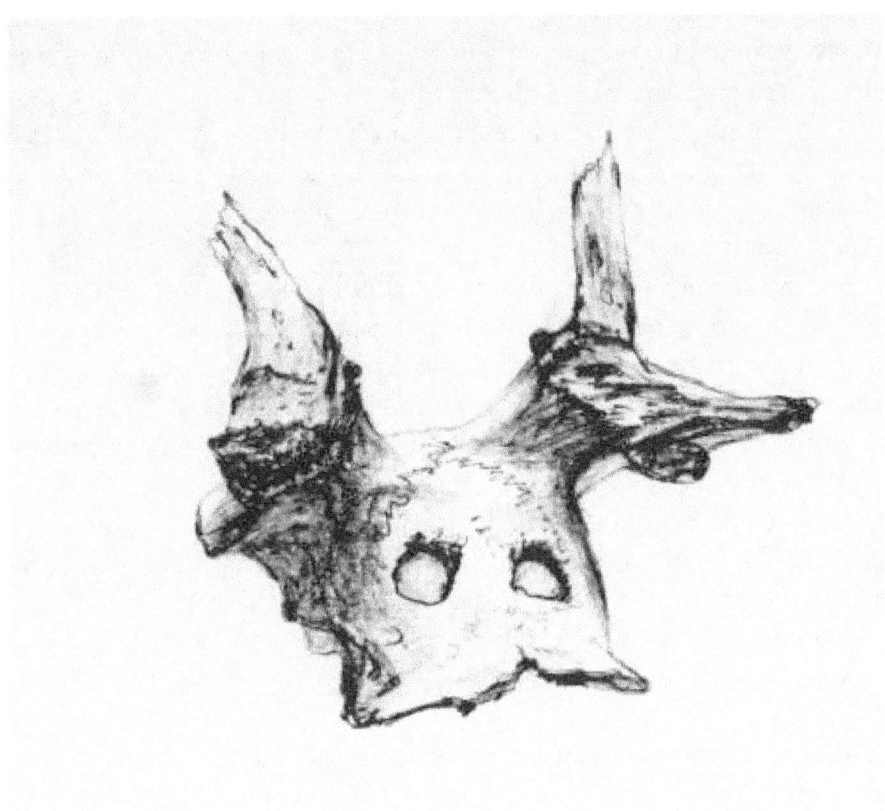

Ilustración 2: Máscara de venado.

El curandero de animales, como individuo consciente de sus funciones, aparece en las primeras civilizaciones de medio oriente. El ser humano empieza a domesticar y por ende a cuidar y tratar de los animales, esto sucede cuando comprende los beneficios que éstos pueden brindarle. Sin embargo, no podemos hablar de medicina veterinaria en esa época, solo de una práctica empírica relacionada con la veterinaria, practicada por un brujo o chamán, que probablemente haya sido mujer, puesto que eran las encargadas de las labores domésticas.

En los períodos tempranos de la humanidad, donde se constituyeron los primeros asentamientos humanos y las primeras culturas (egipcia, china, griega, romana, árabe e incluso en el periodo medieval), gran parte de los conocimientos médicos eran errados y estaban ligados a la charlatanería. Se puede decir que la medicina científica moderna, comenzó en el siglo XX. La medicina no puede ser considerada científica hasta que no estuvo separada de la magia y la religión.

Los veterinarios han estado presentes en la vida diaria de millones de personas, alrededor del mundo, a través de todos los tiempos. La mayoría de la gente desconoce su trabajo, por lo regular lo relacionan con curar animales, pocos conocen su quehacer en la prevención sanitaria de las enfermedades zoonóticas y ganaderas, la gran labor que desarrolla en la protección y defensa de nuestro medio ambiente, así como en la producción de alimentos para garantizar la seguridad alimentaria de una población cada vez más numerosa.

Los cambios sociales, culturales, científicos y tecnológicos que enfrenta nuestra sociedad en estos tiempos, son factores que transforman radicalmente la relación entre seres humanos y animales. Se deben plantear nuevas reflexiones sobre las relaciones que el animal adquiere al interior de la ciencia. Aquí es donde debemos preguntarnos: ¿qué son los animales para nosotros, qué nos han enseñado y cómo les devolveremos el favor a estos nobles seres?

La finalidad de este libro va más allá de dar a conocer la historia de la medicina veterinaria, el nacimiento, desarrollo y campo de acción del médico veterinario; se enfoca a encontrar el valor y pertinencia de este campo de estudio, también tiene un propósito educativo, en tanto se constituye como un conocimiento de carácter cultural, es una oportunidad de instruirse en ese otro mundo y con percibirlo con otra mirada.

El lenguaje utilizado es sencillo, sinóptico y pictográfico, para la fácil y rápida comprensión del público en general, pero es dedicado especialmente a los médicos veterinarios para que conozcan el legado que se les ha confiado y que se den cuenta del compromiso adquirido y sobre todo se sientan orgullosos de pertenecer a este campo del conocimiento.

Las instituciones educativas que hoy en día forman profesionales en el ámbito de la medicina veterinaria, deben considerar el estudio de la historia de este campo del conocimiento, realizando un análisis histórico de quiénes antiguamente se preocuparon por los problemas agropecuarios, cada quién en su tiempo y espacio y a su modo.

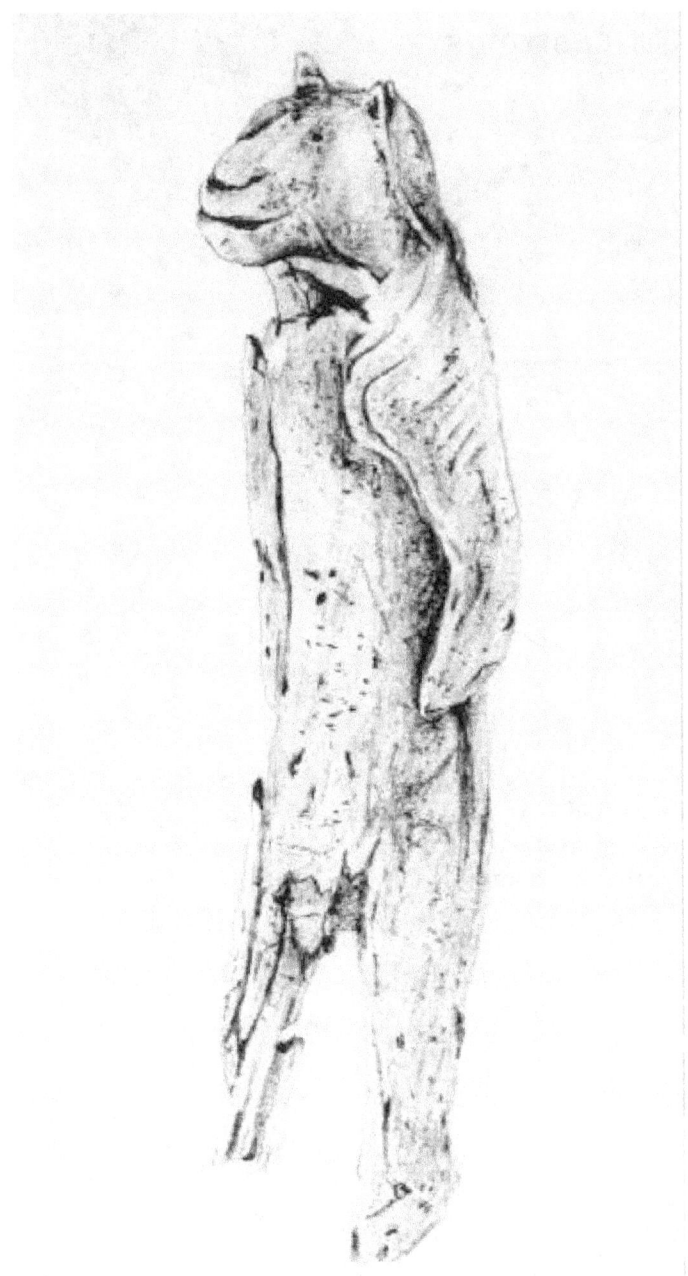

Ilustración 3: El hombre León de Ulm, Alemania.

Primer escultura prehistórica teriomorfa. Es el más antiguo arte figurativo. Figura tallada en un colmillo de marfil de mamut, mediante un cuchillo de silex, con 40 mil años de antigüedad. La figura se tuvo que reconstruir porque fue encontrada en casi un millar de minúsculos fragmentos. Tarea nada fácil. La interpretación sobre su significado resulta más compleja; ¿una divinidad primigenia? o ¿un chamán disfrazado? Ni siquiera hay seguridad de que sea del sexo masculino.

1. PREHISTORIA
Ecos Ancestrales

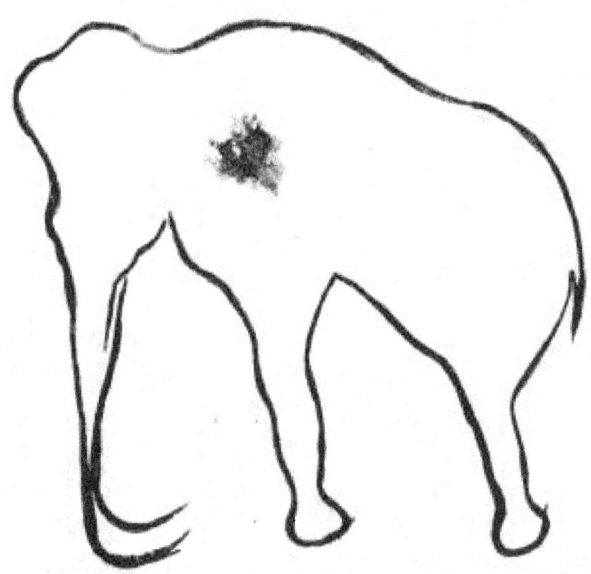

Ilustración 4: El hombre primitivo tenía noción de la importancia del corazón como órgano vital. En las pinturas rupestres de Altamira y Pindal en España, de aux en Francia y otras cuevas que datan de 25.000 años atrás, se han encontrado mamuts o bisontes con el lugar anatómico del corazón marcado como signo más vulnerable del animal.[1]

Nuestro cuento es tan viejo que comienza mucho más allá de la historia del ser humano y se vincula con las primeras formas de escritura pictográfica. El origen del género humano hace 2.5 millones de años aproximadamente, se ha vinculado a las evidencias que demuestran su capacidad para concebir una primera herramienta y de tallarla con formas básicas.

Aunque pareciera irrelevante este suceso, la importancia de este gesto reside en descubrir lo que parece invisible tras el telón opaco de nuestra prehistoria. ¿Por qué hace aproximadamente 2.5 millones de años? Es entonces cuando tenemos la evidencia paleontológica de que fueron capaces de producir y usar sistemáticamente sus propias herramientas de piedra.

Los primeros humanos, conocidos como *Neandertales*, vivían principalmente de la recolección de frutos, y quizás primero fueron carroñeros y después cazadores. En relación con el *Homo Sapiens*, cuya cultura fue más avanzada que las otras especies, existen hallazgos que señalan que su sobrevivencia dependía casi en su totalidad de la caza desarrollada, aprovechando todo de su presa: carne, huesos para utensilios, tendones para cuerdas, piel y vísceras. (Parque Lineal del Manzanares, s.f.)

Al destazar a los animales aprendieron el acomodo interno de los órganos y la distinción entre un monogástrico y un poligástrico. En esta etapa, sin darse cuenta los primeros cazadores comenzaron un aprendizaje empírico de anatomía y algo de fisiología. Sin duda, distinguían un animal sano de uno enfermo, malformaciones y parásitos.

De esta forma, se internaron sin saber en el mundo de la medicina veterinaria. Más de todo lo que sucedió en ese remoto tiempo, solo podemos hacer suposiciones, nada de afirmaciones convincentes. (Castañeda Paniagua, 2015)

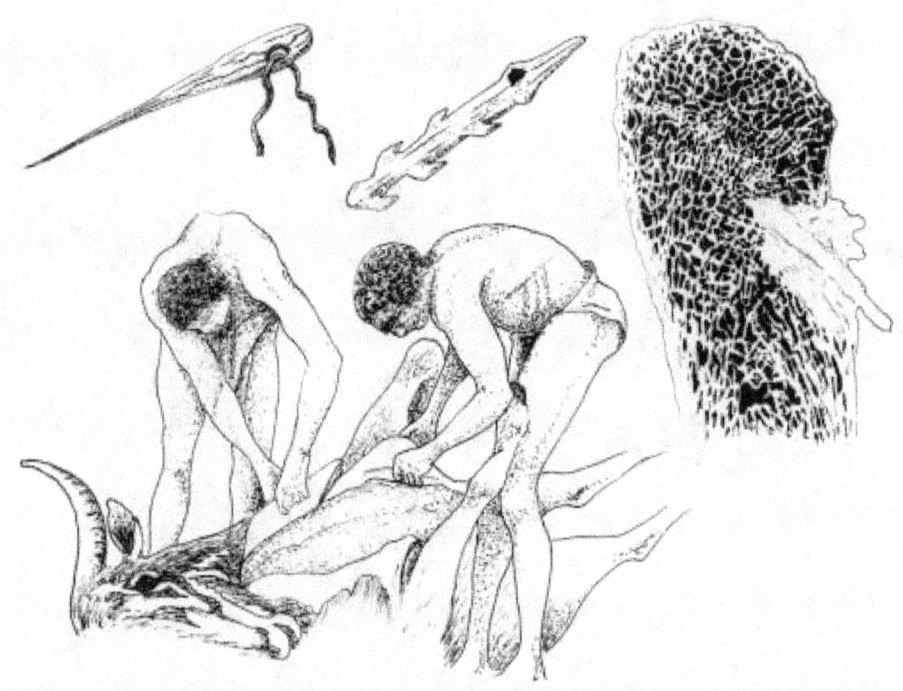

Ilustración 5. Primeros cazadores destazando a la presa, herramientas y punta de lanza hecha de hueso de Mastodonte, incrustada en una costilla de otro Mastodonte. La prueba de ADN y la datación por radio carbono demostró que la punta fue hecha de otro mastodonte y por humanos que vivieron hace 13,800 años en América del norte, [Washington D.C.]. No confundir Mastodonte con Mamut, son especies totalmente diferentes. (RIVERA, s.f.)

Un camino de la caza a la domesticación

El primer animal domesticado del que se tiene registro es el perro. Al pensar en los primeros perros, no debemos caer en el error de imaginarnos una noble y tierna mascota como la que tenemos hoy en casa.

Debemos imaginar un animal totalmente distinto, un auténtico lobo salvaje. Tanto el perro como el lobo pertenecen a la misma especie (*canis lupus*) y este fue el carnívoro que cazó junto con nuestros ancestros.

Ilustración 6: Lobo salvaje. El fuerte lazo que une a los humanos con los perros no es una moda pasajera, es una relación milenaria entre el hombre y lobo, que se basa en el compañerismo y la ayuda mutua.

> ### La leyenda del chacal
>
> En los primeros tiempos, en la boca de una gruta que está al pie de las montañas, una tribu se reunía en torno al fuego, a comerse la caza del día. Entonces aparecían los chacales, que merodeaban el fuego en busca de huesos y demás desperdicios que dejaban los hombres, la presencia de éstos era molesta para todo el clan. Así que el jefe de la tribu se encaró con el líder de la jauría para exigirle que los dejaran en paz, que se fueran y cazaran su propia presa, o les arrojarían piedras y tizones ardientes. Los chacales accedieron y abandonaron el campamento. Por ese tiempo llegaron unas muy intensas nevadas a las montañas, tanto que los hombres tuvieron que emigrar a buscar tierras más cálidas, en su migración se enfrentaron a muchos peligros, entre ellos a grandes depredadores y a tribus rivales. Fue entonces cuando los hombres se dieron cuenta de la importancia de los chacales; que con sus aullidos nocturnos, delataban la presencia de intrusos, que invadían el territorio. Entonces, el jefe de la tribu fue a buscar al líder de la jauría, a quien le ofreció volver a brindarle todos los restos de sus presas. Y los chacales agradecidos, le ofrecieron al hombre ayudarlo durante el día en la cacería. Así se estableció la simbiosis hombre-canino, que perdura hasta la actualidad.

Algunos historiadores dicen que los canes se domesticaron a sí mismos como un modo de adaptarse y asegurarse la sobrevivencia, de este modo se contradicen las hipótesis de que fue el hombre el que dio el primer paso para la domesticación, donde se afirma que el hombre capturó unos cachorros y los educó a su modo. La otra hipótesis afirma que los lobos más capaces se acercaron a los asentamientos humanos en busca de desechos de comida, haciéndolo de forma dócil y pacífica, por lo que obtuvieron mejores resultados. Dice el dicho que se obtiene más con miel que con hiel.

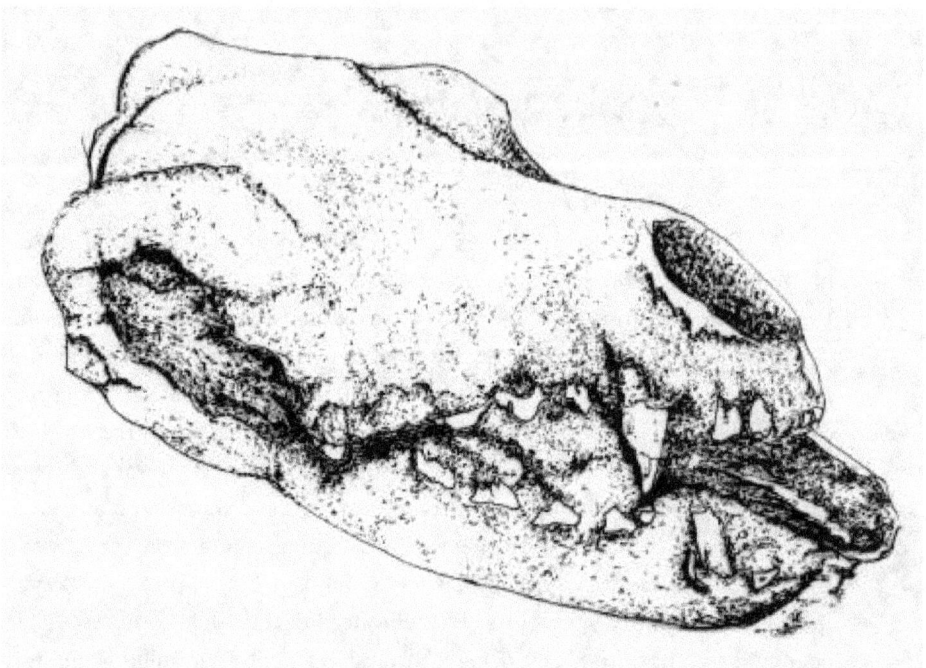

Ilustración 7: Cráneo de perro prehistórico con hueso de mamut en la boca, fue enterrado junto a otros dos animales siguiendo un ritual, en la República Checa.

Sin esta simbiosis de hombre-can, las sociedades humanas no habrían evolucionado de la misma manera, considero que la historia fuera otra, desde el momento de unión de estas especies el perro sufrió un verdadero cambio genético. ¿Con los humanos pasaría algo similar?

Lo que sí se sabe es que el perro domesticado dio una ventaja decisiva al *Homo Sapiens* en su lucha de exterminio contra el Neandertal. Tanto Europa, Asia o medio Oriente se disputan el origen de la domesticación canina. Fósiles encontrados en algunas excavaciones revelan que el hombre y el lobo convivieron desde hace 120 000 años. De esto se puede concluir que el homo sapiens necesitó de los animales tan pronto como apareció en la Tierra.

Los restos de canino más antiguos encontrados en Europa, corresponden a una mandíbula hallada en una marisma de Alemania que data de 14 700 años atrás, los europeos dicen que la población de lobos que dio origen a los perros modernos se encuentra probablemente extinta (Tendencias21, 2017).

Ilustración 8. Alegoría a una pintura rupestre (Cazador en charco de agua amarga, Africa)

En el medio oriente se tienen referencias arqueológicas de perros domesticados hace 19 mil años. Los perros parecen tener más similitud genética con los lobos grises de Oriente medio que con cualquier otra población de lobos del mundo, el ADN contemporáneo podría dar algunas pistas, pero no la solución definitiva.

Fósiles encontrados en algunas excavaciones revelan que el hombre y el lobo convivieron desde hace 120 000 años. En una cueva que servía de refugio a antiguos cazadores situada en las montañas de Altái en Siberia, fue recuperado un cráneo de perro en buen estado de conservación con una antigüedad de 32 000 años (Sánchez, 2017).

Un nuevo estudio de científicos Chinos sobre el origen del perro domesticado, un asunto en el que la arqueología no acaba de ponerse de acuerdo, asegura que los primeros canes que vivieron con el ser humano lo hicieron hace 33 000 años en el sureste de Asia (Guo-Dong Wang, 2015).

Lo que sí se sabe con certeza es que en los últimos dos siglos comenzó la fiebre por la adquisición de perros, a nivel social hemos sido testigos de una explosión de diversidad de razas caninas y eso ha influido en su evolución, ellos son una parte fundamental en nuestras vidas, saber cuándo se inició la domesticación es muy importante para ellos y para nuestra historia (abc.es, 2018).

Ovinos y caprinos fueron los siguientes animales domesticados según las pinturas rupestres. La domesticación significó un parte aguas en la relación hombre-animal; ahora tenía la presa en su poder, más con el poder llega la responsabilidad. Pasó de ser una relación únicamente de subsistencia a otra más estrecha, de aprovechamiento completo, pero también de todos sus cuidados. Aquí pudiera ser el génesis de la medicina veterinaria.

La domesticación como una nueva forma de explotar el medio, supuso una serie de importantes consecuencias en el modo de vida del ser humano. Esta circunstancia favoreció, por un lado, el aumento del tamaño poblacional y por otro, una revolución de la actividad física, un ahorro de energía al evitar los grandes desplazamientos y duras jornadas de caza. La nueva dieta trajo consecuencias en la salud, tamaño y estructura de la población.

Ilustraciones 9 y 10: Muflón Asiático (*Ovis Orientalis*) semi doméstico, o antiguo. Y *Ovis aries*, doméstico.

Las cabras se escogieron para su domesticación por varias razones, por su poca alzada, esto representa un fácil manejo. Vive en grupos, produce lana, leche, piel y carne. La revolución cultural más significativa del ser humano es, sin lugar a dudas, la agropecuaria. Esto sucedió hace unos 10,000 años aproximadamente, cuando un grupo de cazadores y recolectores, decidieron experimentar con las plantas y animales para abastecer sus propias necesidades. Este pequeño acto trajo grandes consecuencias en la población mundial. Durante periodos climáticos desfavorables y sobre todo en áreas de escasa producción, resultó más rentable sembrar y criar animales que salir a cazar.

Los primeros pastores en su necesidad de solucionar los problemas de sus animales, buscaron eliminar sus males con los remedios que usaban para sí mismos. Para ellos las enfermedades debieron ser todo un misterio, al no encontrar explicación se la debieron atribuir a seres malignos que invadían su cuerpo.

Por lo que se tenía la creencia de que debían ser expulsados por el brujo de la tribu. Este personaje tenía que ser de una mente superior, un sabio con una gran visión, la cual desarrolló a partir del ensayo y error, dando brebajes e invocando a su Dios.

Con esta actividad inicia una terapia adivinatoria y una incipiente práctica quirúrgica; la experiencia va modificando esas actividades, instaurándose así progresivamente un carácter más científico que requirió siglos para abrir paso a la evolución actual.

Ilustración 11. Las cabras fueron de los primeros animales domésticos.

Ilustración 12. Chamán en trance, escena del pozo, cueva de Lascaux. 17,000- 15,000 a.C. El hombre de las cavernas dejó plasmado parte de su conocimiento en las paredes rocosas de las cuevas que habitó. Gracias a estos hallazgos, podemos asegurar contundentemente la existencia de los primeros curanderos de animales en el Neolítico.

Ilustración 13: Los primeros ganaderos escogieron a los bovinos para ser domesticados, porque además de ser utilizados como alimentos, servían para el trabajo, aprovechaban su fuerza en la agricultura. Los vacunos constituyen uno de los primeros y más importantes animales de granja (productor de carne, leche, piel y empleado para labores de carga pesada).

Se han encontrado algunos cráneos con fracturas de mandíbulas resueltas; un animal con este tipo de fisuras en estado salvaje no puede sobrevivir, esto marca el límite temporal de lo que podrían ser los primeros tratamientos veterinarios.

Se ha podido comprobar que se practicaba la castración de manera sistemática y planificada sobre los primeros rumiantes domésticos, estos estudios se basan en el dimorfismo sexual del esqueleto y en las consecuencias de la castración en el crecimiento de los huesos, sobre todo en la apófisis cordial y el metapadium.

El ganado vacuno fue utilizado, mucho antes que el caballo, como animal de carga. La palabra vaca deriva de la vieja raíz sanscrita (va) que significa carga. (León Arenas, 2011).

Ilustración 14. Madre ordeñando vaca. Los bovinos actuales *(vos taurus y bos indicus)* provienen del *bos primigenius*. Estudios zooarqueológicos proponen que el *bos taurus* comenzó a ser domesticado en los pantanos y bosques de la cuenca del río Éufrates. Se han encontrado evidencias de estos animales en Irán y Anatolia Turquía hace más de 10,000 años a.C. También se han encontrado restos del *bos indicus*, en el valle del Indo, en Paquistán 7,000 años a.C.

El animal más importante de la historia: el caballo

Ilustración 15. Caballos salvajes.

De la agricultura a la guerra, pasando por el transporte, los caballos nos han acompañado desde hace miles de años; sin ellos, la historia del hombre sería muy diferente. Los caballos tuvieron una gran repercusión en la producción agrícola y el transporte. Con los caballos, los seres humanos pudieron viajar por primera vez muy por encima de su velocidad habitual y acarrear sus gérmenes, cultura y genes a lo largo de vastas áreas geográficas. El rol fundamental del caballo en la guerra cambiaría la historia de la humanidad para siempre; en cierto sentido la guerra fue creada por el uso que se dio al caballo. El desarrollo de los carros y caballería fue decisivo para la aparición de imperios transcontinentales.

Hacia el final del Neolítico se detecta la presencia del caballo como animal domesticado, advirtiendo las consecuencias en tarsos y dedos de artropatías degenerativas, estas lesiones que aparecen en las patas traseras indican que fueron caballos de tiro y con tendencia a la sobre carga, con algún tipo de cuidado paliativo, para que la patología pudiera llegar a desarrollarse hasta este punto. El primer caballo domesticado fue el tarpán, caballo de poca alzada ya extinto, en las estepas occidentales de Euroasia, aproximadamente hace unos 5 500 años(abc.es, 2018).

La revista Science arroja algo de luz sobre el tema, hay indicios de que los caballos se empezaron a domesticar hace unos 5500 años en las estepas de Kazajstán con la cultura Botai. Y lo confirma Ludovic Orlando, profesor de arqueología molecular en el centro de genética, de la Universidad de Copenhague, quién es un experto en la historia evolutiva del caballo. Gracias a la tecnología actual, muchas de las incógnitas del pasado se pueden ir resolviendo (Sáez, 2017).

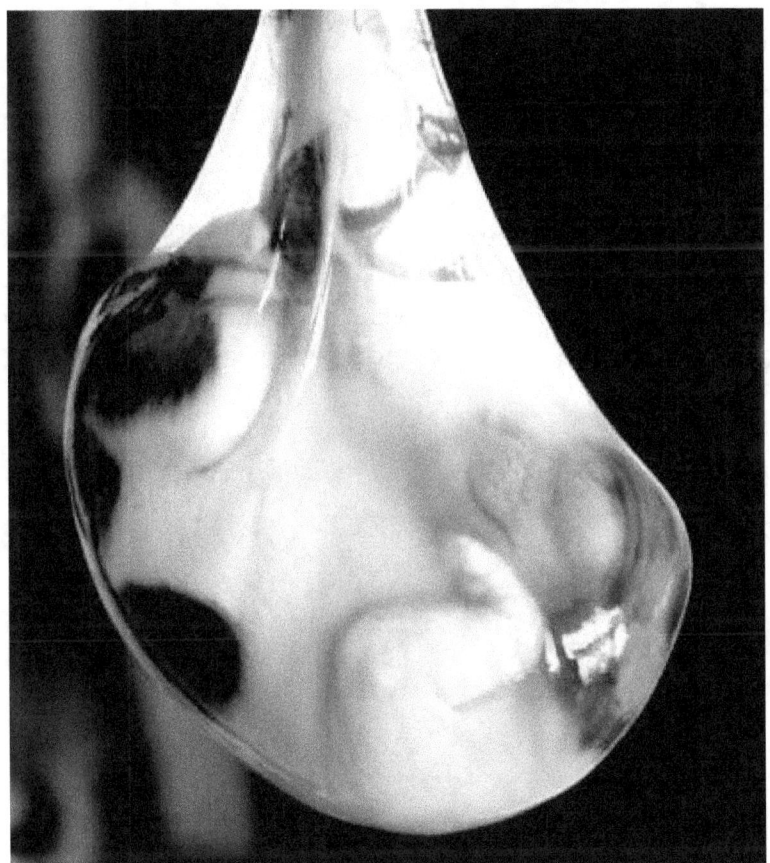

Ilustración 16: Gota de vida

Dirigidos por la universidad de Cambridge (Reino Unido), investigadores de Georgia, Kazajstán, Rusia, y Estados Unidos, han aportado información nueva sobre la historia del caballo doméstico, colocando la pieza definitiva de un rompecabezas que ha tenido ocupada durante años a la comunidad científica. Gracias a sus estudios, donde emplearon una base de datos genéticos con muestras de más de 300 caballos de las estepas, ofrecen la primera prueba genética del origen de una domesticación geográficamente localizada, en la estepa Euroasiática, circunstancia que concuerda con los datos arqueológicos (Cordis, 2012).

2. LAS PRIMERAS CIVILIZACIONES
Entre leyendas y manuscritos

Según estudios de arqueología, las primeras civilizaciones se asentaron a las orillas de los ríos Éufrates, Tigris e Indo y en las riberas del Nilo en África. Fue aquí donde se encontraron los primeros vestigios de escritura logo gráfica. Después aparece la escritura cuneiforme en Mesopotamia, lo que para la humanidad significa el comienzo de su propia historia.

Esto significó un antes y un después, ahora ya se tienen bases de lo que se dice, en estos primeros pueblos se asentaron los cimientos de la civilización: arte, ciencia, religión y medicina. Aquí solo veremos el desarrollo de la medicina veterinaria y del arte, que es el medio de información por excelencia ya que es intemporal, no necesita descripción y es un lenguaje universal.

Ilustración 17. Figura de alfarería, encontrada en Anatolia, Turquía.

Ilustración 18: Mastín de guerra Mesopotámico.

Las primeras escuelas, si se les puede llamar así, realizaban disecciones de animales con fines de comparación anatómica y adiestramiento quirúrgico. La medicina estaba ligada íntimamente a la astrología, debido a los animales utilizados para sacrificios.

Egipcios y Asirios eran más prácticos, también realizaban observaciones sobre helmintos (tipo de parásito), los Judíos contribuyeron a las concepciones modernas de la higiene. En el lejano Oriente el conocimiento de la naturaleza y de la medicina no estaba tan avanzado como otros aspectos de la cultura. Al descifrar las escrituras de estos pueblos nos permite observar el alcance aproximado y las limitaciones de la sabiduría alcanzada en aquellos precarios y lejanos tiempos.

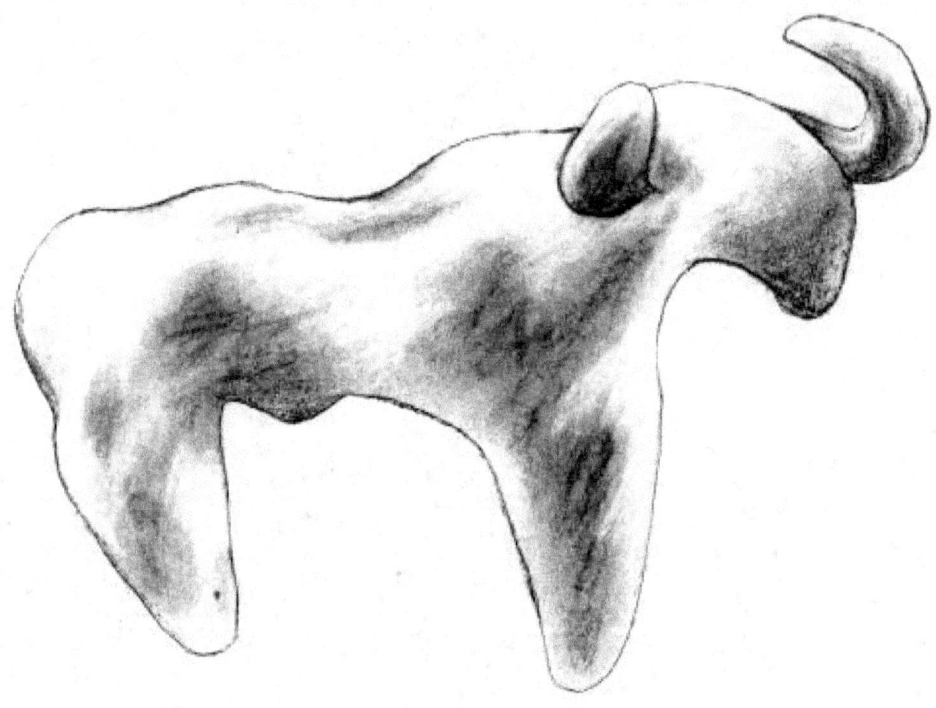

Ilustración 19. El toro divino. En las primeras civilizaciones el toro era adorado. Se realizaban ritos donde era sacrificado un gran semental (posiblemente en el solsticio de invierno) para que la gente pudiera vivir. La muerte del toro liberaba su alma, comerse su carne les aseguraba que su energía (alma) pudiera seguir viviendo en los humanos. Se comían la carne todavía caliente y cruda mientras chillaban y saltaban en el aire hasta el amanecer. Ellos y sus tierras eran benditos y santificados con la sangre del bovino.

Mesopotamia. Crónicas y relatos.

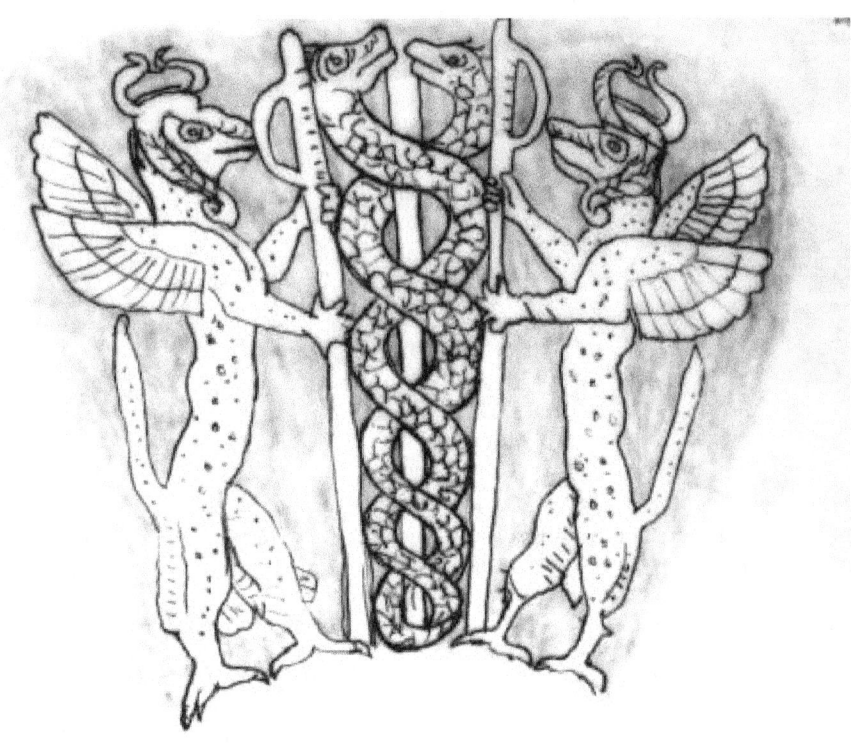

Ilustración 20. Deidad Sumeria "Ningishzida" acompañado por dos grifones. Es la imagen más antigua de serpientes que se conoce 2000 años antes de Cristo.

Los Ubaidianos, son la primer tribu de la que se tiene conocimiento, que se asentó en estas tierras, de ahí le siguieron los Sumerios, quienes inventaron la escritura historiográfica, pesas, medidas, entre otras cosas. La cría y la utilización de los animales son reglamentarias ya que constituyen la principal fuente de riqueza. Alrededor de los años 3200 a. C. una escultura de bronce muestra a caballos con arneses, esta es la primera evidencia del control animal. El Templo de Tell agrab, también muestra cerdos castrados. Ningishzida, deidad en la antigua Mesopotamia, es el ejemplo más antiguo del símbolo de las serpientes entrelazándose alrededor de un cayado, precede al caduceo de Hermes, la vara de Esculapio y el Nehustán bíblico de Moisés en más de un milenio.

Ilustración 21. Sello cilíndrico del rey Shar-kal-isharri del impero Acadio, (rey de reyes, fue el último rey Acadio, museo de Louvre, París, Francia).

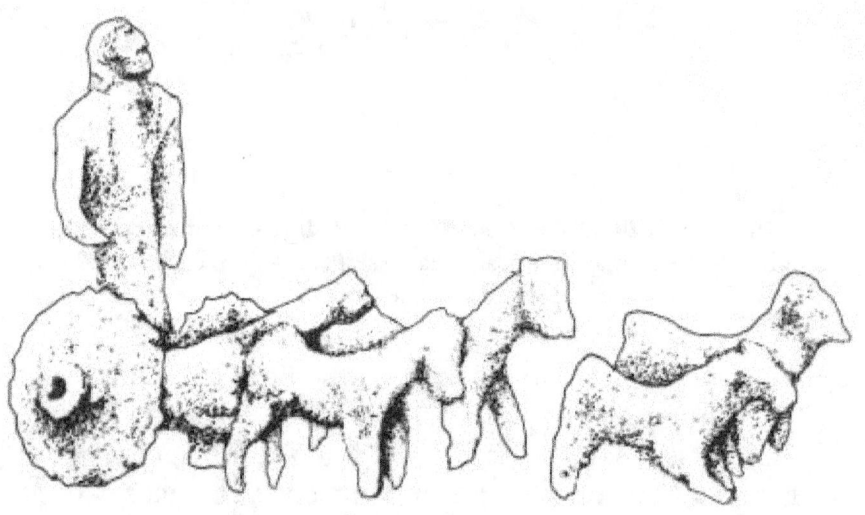

Ilustración 22: Hombre en su carro tirado por asnos, en esta época aún no se conocía el caballo en Mesopotamia. Esta figura se halló en las excavaciones de Kish. Se encuentra en el Museo Field de Historia Natural de Chicago.

En la dinastía de los Acadios en el 2340 a. C. un antiguo escrito hace referencia a un *azuaushe* y más tarde a un *azuguhia* como médico de ganado. En el código de Bilalama, el rey Acadio de Esununa, el cual data aproximadamente del año 1930 a.C., el cual se puede considerar, como el primer tratado acerca de la medicina veterinaria en la historia, es un conjunto de leyes (primer texto jurídico) escrito en tablillas de barro con caracteres cuneiformes. Este código nos brinda una idea más clara con respecto a los procedimientos usados por las tribus antiguas, tales como: castración, curaciones y también hace mención de la rabia en perros.

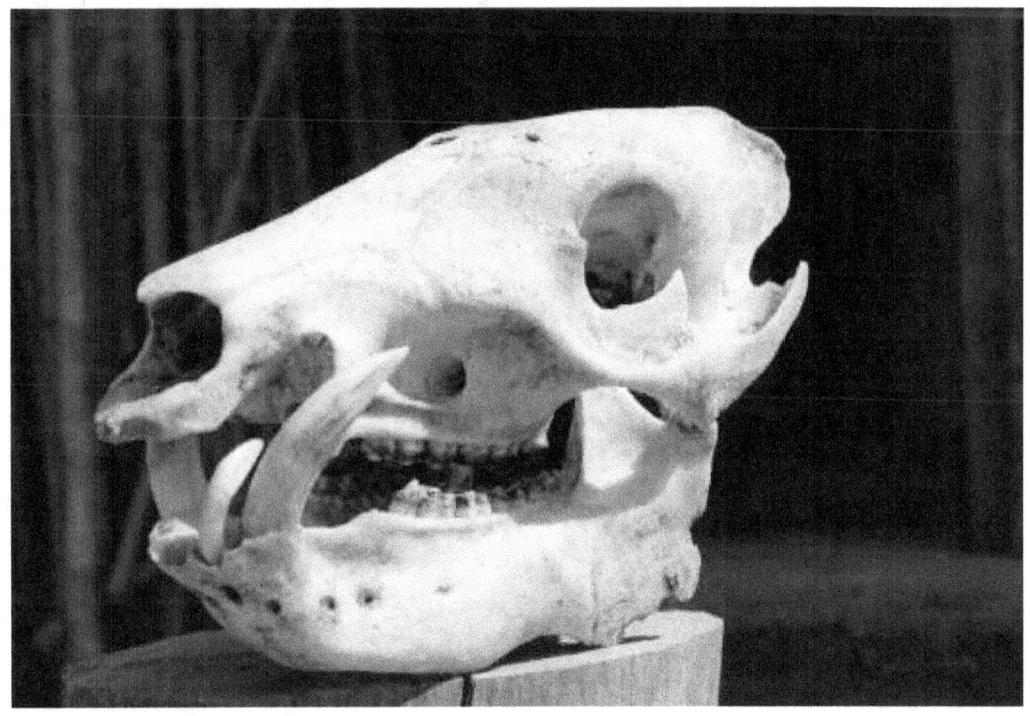

Ilustración 23: Cráneo de jabalí.

Primer imperio babilónico. Reminiscencias de un mundo perdido.

Ilustración 24 ¿ Estela de granito donde está escrito el código de Hammurabi. Aparece la ley del talión (ojo por ojo diente por diente).

En el código de Hammurabi es donde aparece por vez primera un nombre asignado al curador de animales. El texto de este código está en una estela de granito negro que actualmente se conserva en el museo de Louvre, en París.

Entre los aspectos más relevantes, vinculados con la historia de la medicina veterinaria, encontramos el establecimiento de los honorarios por los servicios prestados y multas de hasta un cuarto del valor del animal, en caso de negligencia médica. Estas reglas eran solo para médicos que eran como cirujanos laicos, que hacían la práctica manual, no aplicaba para los sacerdotes que daban el diagnóstico y por supuesto ordenaban el tratamiento, pues la patología médica era mandato divino.

Además, a quienes deliberadamente ocasionaban daño a un animal de trabajo eran castigados como criminales. En el código solo cita a los animales considerados económicamente importantes en aquel tiempo: asnos, buey, vacuno, oveja y cabra. Omite al caballo, perro y gato por considerarlos de lujo.

Ilustración 25. Toro alado. Figura en alto relieve de la cultura babilónica. En la mitología Mesopotámica es una divinidad protectora.

Desde épocas prehistóricas, el toro ocupó un lugar importante en la vida de los seres humanos, muchas veces su sobrevivencia dependió de este animal, por ello aprendió a conocerlo bien y a representarlo identificándolo con la virilidad y la procuración. Las imágenes sagradas, ya sean animales u objetos, no se han venerado por sí mismos, sino que se les considera sagrados porque revelan la realidad última o porque participan en ella.

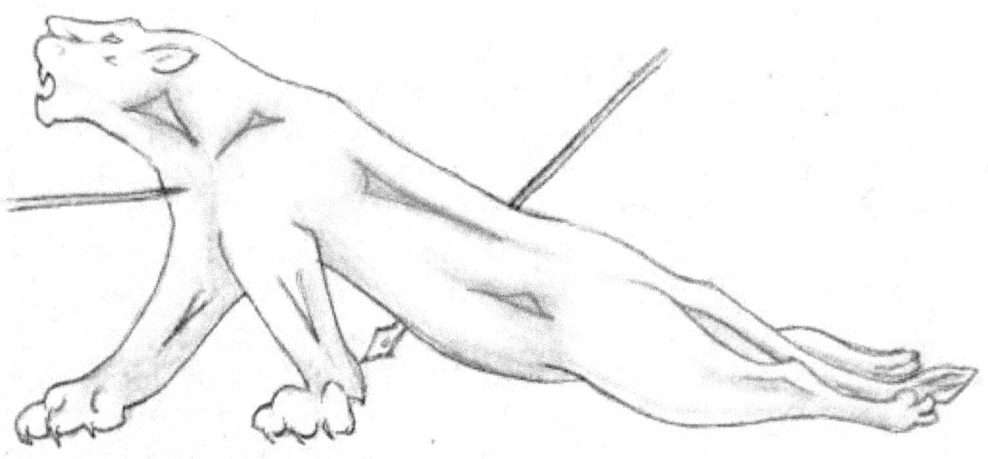

Ilustración 26. Leona herida con columna rota (figura en alto relieve). Demuestra que la cultura babilónica tenía conocimientos sobre anatomía. Sabían que una flecha podría partir la columna en dos secciones y causar parálisis. Nínive, 700 a.C.

Asirios. Herederos de antiguos conocimientos

En esta cultura el perro gozó de gran importancia como lo muestran los bajo relieves de Nínive. Uno de ellos muestra una diosa con su perro, que protegía a la gente de la rabia; sin embargo, es el caballo quizás el animal con más impacto social en esa cultura y en muchas otras más. Tres actividades lo confirman: la caza, el prestigio y la guerra. En 1300 a. C. Kikkuli escribe el primer tratado de hipiatría. En este período existían unas tablillas de arcilla relacionadas con la medicina humana y animal, en la biblioteca de Nínive, que fueron destruidas por los Medos (Rodríguez, 2007).

Ilustración 27: Estatuilla de bronce asiria que representa al demonio Pazuzu, causante de la fiebre. La figura posee rasgos animales y humanos (alas y rostro de rapaz).

En la actualidad sigue dando de qué hablar, esta imagen aparece en la película: el exorcista.

Ilustración 28. Relieve de Asirios cuidando a sus caballos. Bajorrelieve en el palacio Ashurnasirpal Kikkuli, es un misterioso personaje recordado por ser el autor del texto más antiguo dedicado al cuidado y entrenamiento del caballo, método de entrenamiento deportivo para caballos de alto rendimiento. Escrito en 1345 a.C. encontrado en Hattusa, (Turquía), sigue siendo útil para caballos de competencia. Su no radica solo en su temática de doma y cuidado, sino también por su valor lingüístico, introduce valiosos términos técnicos al mundo ecuestre.

Ilustración 29: Mosaico, carro de guerra, Asirio.

India. Antiguas recetas olvidadas.

El rey Asoka es considerado el fundador de la India actual. La historia lo describe como un príncipe cruel que asesinó a su hermano para poder ascender al trono, pero tras una sangrienta guerra en las costas de la India, éste se convirtió al Budismo. Reinando desde ese momento de una manera más justa y práctica. Mandó colocar unas columnas con inscripciones en las entradas de las ciudades que eran preceptos morales y religiosos, como prestaciones sociales. Durante su reinado construyó hospitales veterinarios para recoger animales enfermos. La medicina veterinaria evolucionó por la influencia del auge de la medicina humana, racional y no mitológica.

Ilustración 30. Capitel de leones de Asoka, emblema de la India actual.

Saliotra, hijo de un sabio Brahaman, es considerado el fundador de la ciencia veterinaria de los caballos y elefantes. La principal obra de Saliotra fue un tratado general sobre el cuidado y manejo de los caballos. 400 a. C. Fue traducido al árabe y al inglés.

En 1808 d.C. Williams Moorcroft fue el primer cirujano veterinario de habla inglesa que fue enviado a la India para atender caballos, sus exitosos tratamientos y su pasión equina hicieron de él una leyenda.

En relación con el uso del ganado y sus enfermedades, hay poca información sobre este tema en la India. Solo existe una descripción grabada en hojas de palmeras, que fue traducido al inglés. En ella se identifican algunas enfermedades infecciosas como: peste bovina, carbunco y fiebre de las garrapatas. Los bovinos eran cuidados por la clase de los campesinos, no recibían los cuidados de la clase que atendía a los caballos y elefantes.

Ilustración 31: Elefante cautivo. Los antiguos indios en sus guerras utilizaban elefantes y caballos, los hipiatras de la India fundamentaron sus prácticas en la literatura Védica y su sistema de salud, conocido como "Ayurveda".
Dichos conocimientos contaban con una tradición milenaria, especialmente sobre caballos, y se le atribuye a un personaje épico del Mahabharata "Salihotra". En la veterinaria India su especialidad era la iridología y su farmacéutica vegetal.

China. Sabiduría ancestral

En la mitología China se describe la historia de un médico veterinario que curaba dragones y a éste fue revelado en la espalda de un caballo-dragón que había salido del agua, el símbolo del concepto: yin-yang.

Ilustración 32: Lao-Tse (viejo maestro). Fundador del Taoísmo, escribió Tao-Te King (camino a la virtud), antes de retirarse a las montañas del Himalaya, montado en un búfalo de agua.

Los caballos-dragones y celestiales, padecían un síndrome cuyo sudor tenía un color rojizo, probablemente un parásito en la sangre: "parafilaria multipapilosa"

La domesticación en China comenzó en el río amarillo, aproximadamente en el 5,000 a.C. Mientras que la castración se registra en el 2,208 a.C. con fierros calientes.

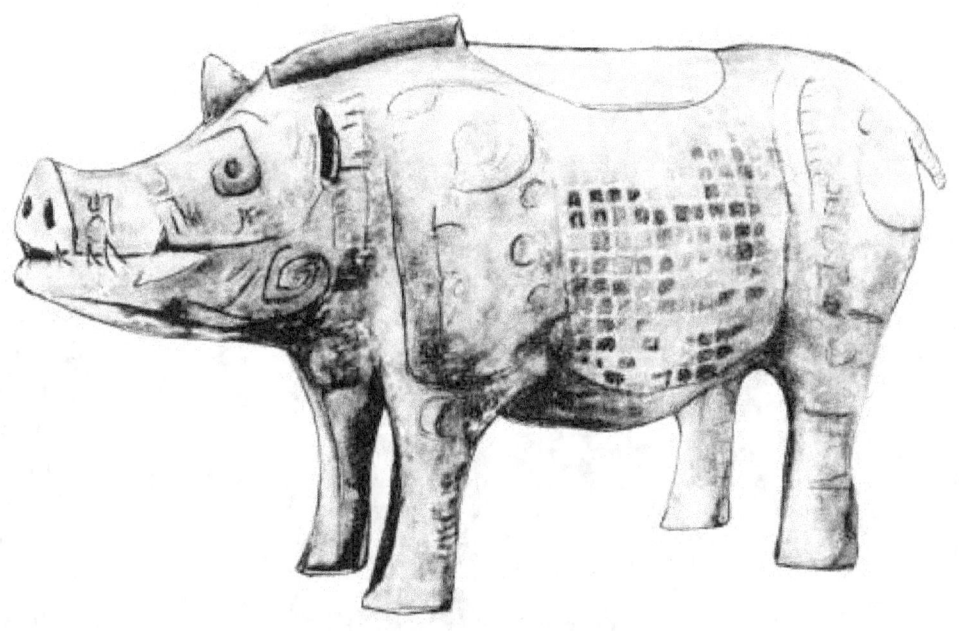

Ilustración 33: Cerdo, parte de un ajuar funerario Chino. En el neolítico era considerado elemento de prestigio. Según se desprende de las excavaciones efectuadas en antiguas sepulturas.

El poder militar estuvo relacionado con los caballos, se han encontrado equinos en tumbas de la edad de bronce. También, se hallaron figuras de terracota de caballos y finos ponies mongoles con arneses. Además una figura de bronce de un Tarpán o caballo salvaje de Rusia, los cuales se extinguieron en 1880.

Ilustración 34: Caballos del ejército de terracota del Emperador Chino, Qin Shi Huang (210 a.C.) El caballo fue muy importante en los ejércitos de China, esta milenaria cultura trató con el uso de plantas las enfermedades de sus animales.

Los sacerdotes de caballos, reconocieron 36 enfermedades que escribieron en caparazones de tortugas. Shun Jung (Pao Lo) 480 a.C. es considerado el padre de la medicina veterinaria en China. El primer veterinario denominado como tal fue Chao Fu en el año 400 a.C.

La variolización (método Chino para prevenir la viruela) pasó de China a Inglaterra y a Edward Jenner (Berríos, 2017).

Por otro lado, la acupuntura en medicina veterinaria se reservaba solo a equinos, caninos y al elefante. Los jesuitas franceses trajeron la acupuntura a occidente. En 1840, China abandona la medicina tradicional y se estableció un colegio veterinario especializado en caballos que paulatinamente se había occidentalizado (Berríos, 2017).

Egipto. Escrudiñando papiros.

Ilustración 35: Cazador de aves.

La experiencia y sabiduría ancestral de pastores, curanderos y chamanes, dieron origen a las primeras enseñanzas de medicina. Para ser sacerdote en la época de los faraones egipcios se tenía que ir a unos templos llamados casas de vida. Salían de ahí con título de *sunu*. Un viejo epitafio reza así: *"fui sacerdote de sejemet, poderoso y hábil en mi arte, experto en examinar con mi mano, que conocía a los bueyes"*. Estos sacerdotes pertenecieron al clero de la diosa leona, encargados de la protección del mundo contra todos sus males, se distinguían por su bastón.

El papiro *Kahun* es considerado el documento veterinario más antiguo que existe, data de alrededor del 2000 a.C. Contiene varias recetas contra enfermedades del ganado, los tratamientos estaban acompañados de oraciones y ritos realizados por un sacerdote. Para los antiguos Egipcios las enfermedades tenían una causa externa, por eso acudieron a la magia y hechicería.

Heródoto escribe que los egipcios jamás tocaban a los cerdos y mucho menos los comían. Los beduinos de origen semita fueron los primeros en prohibir el consumo de cerdo. Puede ser que el cerdo fuera un tema tabú para ciertas personas, siendo un animal fácil de criar con desperdicios, con una alta reproducción y de mínimos gastos, pudiera ser considerada comida barata o sucia apropiada de clases bajas. Los judíos pudieron haber tomado esto como ejemplo, cuando vivieron en Egipto. Sin embargo, se han encontrado muchas evidencias a favor del consumo de carne de cerdo y muchos artefactos domésticos hechos con huesos de cerdo.

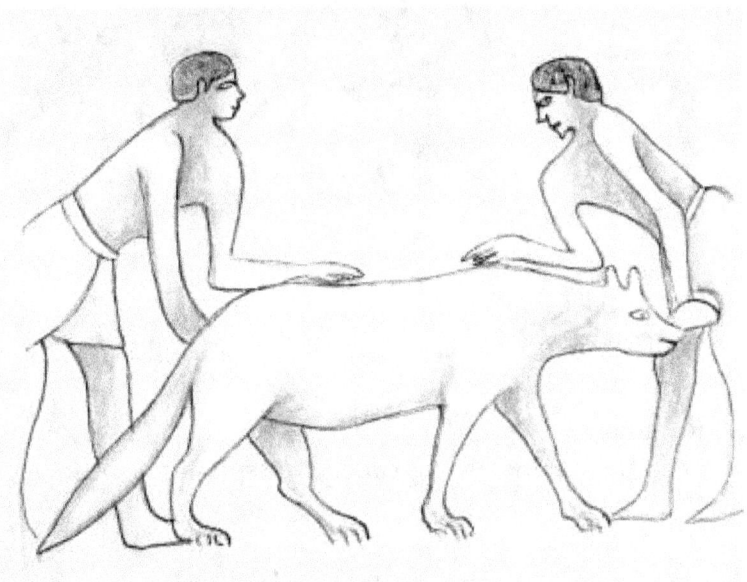

Ilustración 36: Perra preñada.

Una medida contra el robo o la mezcla de ganado era la marcación, sobre todo el ganado de los dioses. La relación entre el hombre y el gato surgió en el Neolítico hace unos 9 500 años a.C.; la primera prueba fue hallada en una tumba de un aldea en Chipre, hombre y gato junto a una variedad de objetos que reflejaban la amistad entre ellos.

En la actualidad, encontraron un cementerio de mascotas en la ciudad de Berenice, en su mayoría gatos y perros, sin embargo, éste no tenía una finalidad sagrada como era habitual en la antigüedad, data de la época romana demostrando que esto no es un fenómeno moderno.

Se ha debatido sobre la domesticación de las hienas. Los bovinos eran los animales domésticos más importantes, los bueyes eran muy valorados e incluso adorados.

Ilustración 37: Sacrificio de un toro. Sacerdote presente.

El embalsamiento de animales sagrados que practicaban, les permitió observar enfermedades del esqueleto como: artritis, osteoporosis, y displasias.

El embalsamiento de animales sagrados que practicaban, les permitió observar enfermedades del esqueleto como: artritis, osteoporosis, y displasias.

En 1999 a.C. se describen casos de convulsiones con rigidez y caída en bovinos y su tratamiento. Posiblemente fiebre catarral maligna o peste bovina. En el éxodo de la biblia se comenta de las plagas del ganado posiblemente de trataba de peste bovina o carbunco. (Berríos, 2017)

Ilustración 38: Ejemplares dignos para sacrificio. El pueblo Egipcio implantó la inspección de los rumiantes sacrificados como ofrenda a los dioses, actuando individuos perfectamente preparados, que autorizaban la salida del animal sacrificado, checando el grado de pureza del mismo, digno de ser ofrendado a sus dioses. Comenzando aquí lo perfecto de lo alterado, una selección genética (León Arenas, 2011).

Ilustración 39: Buey con pezuñas largas.

El historiador griego Heródoto, visitó Egipto en el siglo V a.C. y dio testimonio del trato de los animales domésticos. Los egipcios se hicieron representar junto a sus mascotas en los muros de sus tumbas, estelas funerarias y sarcófagos. Gracias a estas imágenes podemos conocer muchos detalles sobre sus males en su vida diaria, sobre las características de algunas especies, razas y sobre la domesticación y las prácticas veterinarias del antiguo Egipto. El estudio de las momias de animales de compañía, indican que recibieron atentos cuidados durante su vida terrenal: su pelo brillante y sedoso, huesos fuertes, revelan una buena alimentación continua, sana y equilibrada.

Ilustración 40: Instrumental veterinario.

En Egipto se creía que las enfermedades habían sido causadas por algún mal espíritu, este se metía dentro del cuerpo, y tenía que ser expulsado por medio de un ritual o brujería y amuletos. Todo esto en conjunto, representa el uso de una medicina muy práctica, algunos de los métodos utilizados han logrado sobrevivir hasta la actualidad, gracias en gran parte a su eficacia. Muchos otros se perdieron en la destrucción de la gran biblioteca de Alejandría. No dejan de sorprendernos las prácticas médicas que se atrevían a hacer: cirugías sin anestesia y sin el uso de antibióticos.

CÉSAR ZAMORA CÁRDENAS

3. GRECIA Y ROMA

Transfiriendo el saber

Ilustración 41: Mosaico de Alexandro Magno

Algunos historiadores señalan la instauración de los juegos olímpicos como el comienzo de mayor esplendor de la antigua Grecia, pero el real avance de la cultura griega y sus aplicaciones ocurrieron en la segunda mitad del siglo V a.C. Los profesionales de la salud al igual que otros pueblos antiguos tenían sus creencias muy arraigadas en la mitología y la magia. El nacimiento científico no fue patrimonio exclusivo de este pueblo, sino que esta cultura fue el filtro en el que se fijaron muchos de los conocimientos empíricos de la antigüedad, por lo que aquí se encuentran las bases estables de una medicina clínica racional. Esto ocurrió tras un largo periodo de incubación gestada en una paz que invitaba al cultivo del espíritu, la razón de ello fue la ruptura de las ataduras que la magia imponía a cualquier posibilidad de desarrollo intelectual (Lleonard Roca, 1973).

Ilustración 42: Estatua del Centauro Chirón En Zaragoza España.

Se dice que el inicio de la medicina comparada, surgió gracias al legendario Centauro Chirón, quien enseñó a Esculapio a tratar humanos y a Melampos a curar a los animales, quien era considerado por tener el don de poderse comunicar con diversas especies de animales. El centauro símbolo de Chirón fue adoptado como emblema distintivo por la *britishveterinari y association* y la *unitestateveterinari medical association* como sello. (Berríos, 2017)

Ilustración 43: Alto relieve de mozo africano atendiendo a un caballo, con sudadero de piel de pantera. Museo Nacional de Atenas.

Apolo fue el dios mítico de la salud y la enfermedad, además su hijo Asklepio fue también educado por Chirón, por lo que fue un famoso cirujano y yerbatero, curaba tanto humanos como animales. El emblema de Asklepios, una serpiente enrollada en un palo (caduceo), llegó a ser símbolo internacional de la medicina humana y veterinaria. Así también, ser símbolo de las actividades médicas, y en el año de 1902, el departamento médico de la armada de Estados Unidos adoptó el caduceus como símbolo, y agregándole una v sobrepuesta al caduceus, llegó a ser el símbolo de la profesión veterinaria americana y del cuerpo veterinario de la armada (Romón, 2010).

Ilustración 44: Prometo, el que robo el fuego a los dioses y se lo dio a los hombres (les llevó la luz). De castigo lo encadenan en una isla y un águila le come su hígado y éste le vuelve a crecer, pero el ave se lo vuelve a comer. Los antiguos conocían la regeneración hepática. Los hepatocitos generan hepatocitos.

Los antiguos griegos de la época clásica acuñaron el término *hippiatros,* para designar al médico de caballos. Antiguamente la medicina y la veterinaria corrían la misma suerte y eran ejercidas por un mismo hombre, basadas en un mismo principio y prescripciones iguales. Se puede afirmar que durante la época helénica nace la ciencia veterinaria

Tales de Mileto, considerado uno de los 7 sabios de Grecia, inició el estudio de la naturaleza de una manera rigurosa y racional buscando explicaciones sin atender a prejuicios y especulaciones sobrenaturales.

Hipócrates, máximo representante del pensamiento y ética médica, escribió un tratado de: "fracturas y dislocaciones" para el ganado y para las personas. Y fue inmortalizado en el campo de la medicina humana y veterinaria a través del juramento de los graduados, llamado juramento hipocrático.

Ilustración 45: Porcicultor piara.

Aristóteles, destaca por tener una obra considerada de las más completas que haya existido jamás, pues describe más de 500 especies de animales, locales y exóticas, que le mandaba de las tierras conquistadas su alumno preferido: Alexandro Magno. Describe cada uno con sus peculiaridades y sus enfermedades. Siguió el método hipocrático de la medicina, aplicado a las enfermedades veterinarias, probablemente fue el primero en escribir sobre enfermedades de los cerdos, en equinos observó el ántrax, tétano y laminitis. Enfermedades que en la actualidad siguen dando de qué hablar.

Roma Antigua. Construyendo un imperio.

Ilustración 46: Mitra, el dios que vino de oriente.

Todos conocemos la historia de Roma y su enorme imperio, pero el comienzo de esta civilización, todavía guarda algo de misterio, su origen está en los etruscos, un antiguo pueblo asentado en el centro de la península Itálica, las raíces culturales y el arte veterinario se remonta a esta tribu, que eran grandes amantes de los animales se han encontrado relieves de finos caballos y toros, los haruspex, eran una autoridad en las enfermedades de los animales, una especie de sacerdotes.

Los pastores ancestrales se dedicaron por mucho tiempo al tratamiento de enfermedades de los rumiantes (ovinos, caprinos y bovinos) arte conocido como guiaría, pero el avance de esta profesión lo hicieron los hipiatras, con el estudio de los caballos utilizados para la guerra.

Catón el censor, escribió un completo tratado para gestionar las explotaciones agrícolas en donde no faltan consejos para la cría de animales y prescripciones para la salud. El poeta Virgilio, dedica el libro III de las Georgias a la ganadería equina, bovina, ovina y caprina, así como a la cría de perros.

Vegecio escribió mulo medicina, en la que habla del caballo y del ganado bovino; en esta obra, ofrece un testimonio sobre los problemas que aquejan al veterinario, su escasa consideración social y los bajos honorarios que tenían. A este último personaje se le atribuye la frase: si quieres la paz, prepárate para la guerra. (Berrios, 2017).

En los primeros tiempos del imperio los *mulomedicus* (como los llamaba el vulgo) no tenían prestigio social y era baja la remuneración de sus servicios, pero para un pueblo que siempre estuvo en constante guerra, los caballos eran imprescindibles, para el combate y los correos imperiales, esto les dio reconocimiento a los hipiatras. En el siglo III d.C. aparecen textos especializados en medicina equina.

Ilustración 47: Julio Junius Moderatus Columena, estatua en plaza las flores.

Columena, escritor agronómico, introdujo por vez primera la palabra "*veterinarius*" en su obra: *Re rustica*, en el siglo primero. Para definir a los pastores que curaban a los animales. (Saenz Egaña, 1941)

El término tiene varios orígenes posibles, uno era el conocedor del arte de curar las bestias de carga de los militares (*veterina*) que a su vez derivaba, posiblemente de *vetus* (viejo) animal viejo y *veho* carga.

Los bovinos fueron usados mucho antes que los equinos para la carga. Por tal motivo, les llamaban "veterinarius" a los soldados dedicados exclusivamente a atender a los animales de carga, o del antiguo rito religioso *"suovetaurilia" "suovetaurinarii"* como llamaban a los cuidadores de los animales sagrados para sacrificio en el templo.

Ilustración 48: Suovetaurilia, ritual ofrecido a marte con el fin de bendecir y purificar la tierra. Museo de Louvre, París.

Columela también escribió sobre los campos malditos, que eran terrenos afectados por el "carbunco". Las víctimas más afectadas eran los sacerdotes y sus ayudantes. También les llamó las pústulas de los pastores.

Ilustración 49: Un Arúspice observando el hígado de un animal sacrificado
(adivino etrusco que presagiaba el futuro).

Virgilio narra con todo detalle la peste, enzootia carbunosa, en sus obras denominadas pastoriles, describe diversas enfermedades de rumiantes y perros. Galeno de Pergano 130- 200 d.C. Cirujano de la escuela de gladiadores, diseccionaba a los animales muertos en el circo; considerado fundador de la medicina comparada experimental. Supuso unos aires de renovación en la medicina animal, utilizó métodos totalmente distintos a los establecidos y adquirió un considerable nivel científico.

Galeno consideraba que para entender las patologías y cuidar al enfermo era preciso conocer la estructura del organismo, por lo que observó, probó y anotó los resultados y rechazó todo lo que no fuera verificable. Solamente diseccionó cerdos.

En este periodo, en el Siglo VI a.C., se comenzó a poner herraduras para la protección de las patas de los animales, las primeras protecciones eran botas de piel con suela de metal.

El emperador Constantino ordenó al greco Bizantino Asirte, hipiatra y jefe de sus ejércitos, recopilar todo el saber veterinario de la antigüedad en Bizancio, actual Estambul, y fue difundido en Europa y norte de África. Con esta obra cierra toda una época, tendríamos que esperar mil años para que se dijera algo que no se hubiera dicho ya.

La investigación histórica sobre la medicina veterinaria Romana tiene un amplio campo a investigar, pues los vestigios de esta ciencia no escasean. Su máximo esplendor fue en el siglo IV. No solo por la casualidad de las obras producidas sino también por el rango adquirido dentro del imperio. La medicina Grecorromana y la Bizantina sembraron los fundamentos de la veterinaria moderna, dejaron bien asentado el estudio de la simbología, que es el primer paso en el tratamiento de los malestares. (De la Isla Herrera, 2017)

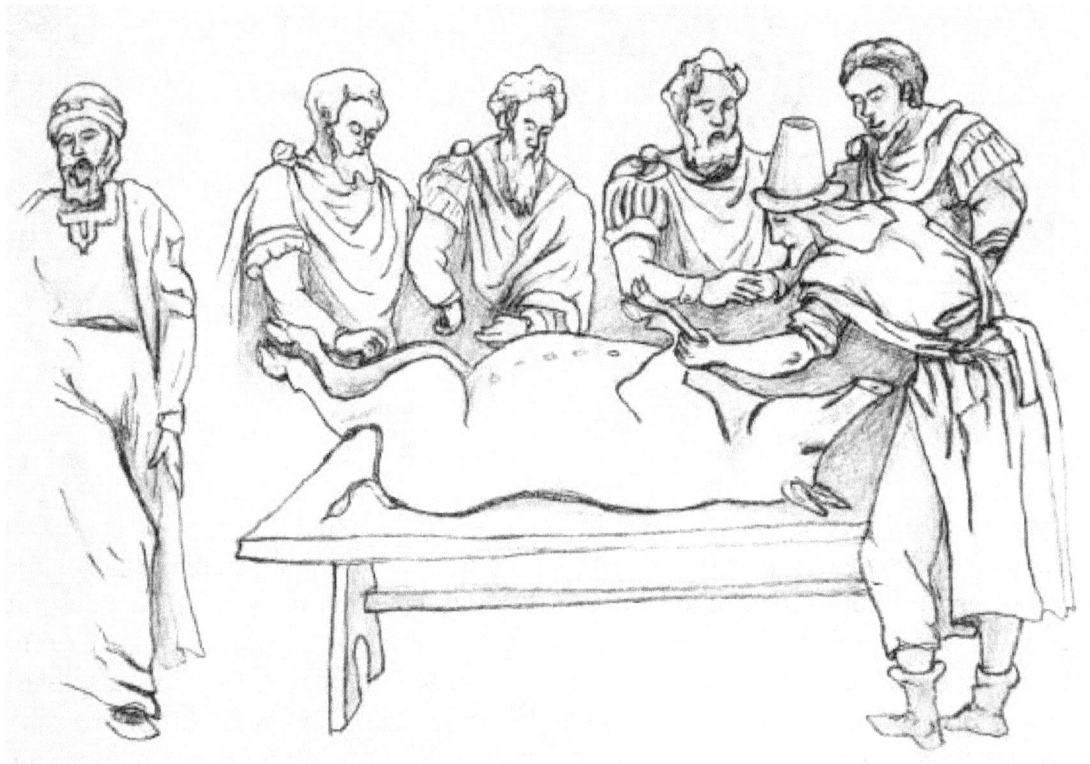

Ilustración 50: Galeno de Pergamano, pionero en la historia de la ciencia, que introduce los fundamentos científicos de la medicina. Imagen, dando clases, disecando un cerdo

4. EDAD MEDIA
Conocimiento oculto en las sombras

El hecho de que durante siete siglos en Europa, la literatura guarde silencio sobre lo referente a la veterinaria, no significa que la práctica veterinaria no continuara.

Ilustración 51: Aguila símbolo de poder

La mariscalería apareció en el siglo IX con la práctica del herraje de los caballos, procedentes de Oriente. A pesar de todo hubo algunos destellos de ciencia en aquel largo periodo de la historia, como fue el libro titulado: "Mariscaleria" de Jordanus Ruffus, escrito en 1250, que es una traducción de manuscritos Árabes. Las prácticas supersticiosas se inspiraban en los procedimientos veterinarios antiguos, cuya razón se había olvidado y lo realizaban con un sentido de hechicería, como la marcación en la frente de los animales con hierro caliente, figurando una x o una t que se usaba desde tiempos remotos, fue en ese tiempo que se convirtió en el monograma de Cristo.

Ilustración 52: Fósil de unicornio de hace 29 mil años. Grifo los bestiarios transmitían la visión tecnocéntrica de esta época que representaban alguna revelación divina. Eran populares tratados de historia natural que exhibían una curiosa mezcla de verdad y error.

La leyenda del herrero

En el Siglo X San Dunstan era un monje que tenía una forja en un monasterio donde fabricaba campanas y objetos religiosos.

Cuentan que un día lo visitó el diablo en forma de centauro, quien le pidió que si le ponía herraduras a sus pezuñas. Al herrarlo lo picó con los clavos que se les ponen a las herraduras. El diablo quedó tan adolorido y chueco de las cuatro patas, que juró no volver a pisar jamás una casa que tuviera herraduras (por eso se dice que las herraduras traen buena suerte, pues ahuyentan al demonio).

En este periodo, los conjuros se emplearon para combatir enfermedades. Dado que en los inicios de la edad media los conocimientos médicos no estaban muy extendidos por Europa, las personas depositaban su confianza en la magia y en las oraciones.

Ilustración 53: Máscara usada por los médicos durante la peste negra.

Conjuro de Merseburg para los caballos

Texto escrito en el antiguo alto alemán, cuya traducción es:

> Phol y Wondan cabalgan por el bosque. Entonces el potro de Balder se disloca un pie. Entonces le habló a Sindgund y Sunna, su hermana; entonces le habló a Frija y Colla, sus hermanas; entonces le habló a Wondan del mejor modo que pudo: como la dislocación del hueso, lo mismo de la sangre, lo mismo de todo el miembro. Hueso a hueso, sangre a sangre, miembro a miembro, como si estuvieran pegados.

Conjuro de Tegernsee para los gusanos

> Gusano arrástrate hacia afuera, acompañado por nueve gusanitos.

Conjuro de Treveris para la sangre

> Cristo fue herido, entonces se curó y sanó. La sangre se quedó: hazlo tu sangre.
>
> Amén. Tres veces, tres padres nuestros.

En este tiempo se realizó una práctica empírica que no aprovechó las experiencias pasadas, se acudió mejor a la magia, religión o brujería. Los más antiguos escritos sobre veterinaria se hicieron en los monasterios Españoles como: enfermedades de los equinos, por Fray Teodorico en Valencia.

Durante esta época, el cristianismo estaba muy arraigado y se remetía a la fe para curar las enfermedades tanto de animales como de humanos. San Francisco era patrón de los animales y San Eloy patrono de los herreros. Al no permitirse las disecciones en humanos, se practicaba en cerdos, por eso es que el primer texto anatómico es la: *Anatomía Porci*.

En este tiempo aparece el mariscal, cargo asignado al jefe de doce caballos entre los germanos. Tenía a su cargo el cuidado de ellos ejerciendo las funciones de veterinario, en el siglo IX aparecen simultáneamente herraduras de clavo en Bizancio y occidente, lo que dio origen a un nuevo oficio: el herrador.

Ilustración 54: Don Quijote.

Al principio, no se confunde la medicina veterinaria con el arte de herrar, pero poco a poco y por el contacto constante con los animales, el herrador va adquiriendo los conocimientos suficientes como para ejercer ambas actividades. Sin embargo, es preciso aclarar que los herradores no han influido en la evolución científica de la profesión. (Discover, 2015)

La importancia de los caballos se hizo más evidente en el medievo, debido a los nobles que al recibir el rango de caballeros, debían tener un acervo de conocimientos especiales, para cuidar a los animales y curar las heridas y otros males, según se relata en la obra: "Las partidas del Rey Alfonso X el sabio", durante el Siglo XIII. También lo menciona, Cervantes en Don Quijote de la Mancha. Don Quijote recuerda que los caballeros andantes han de saber herrar al caballo y catar sus heridas.

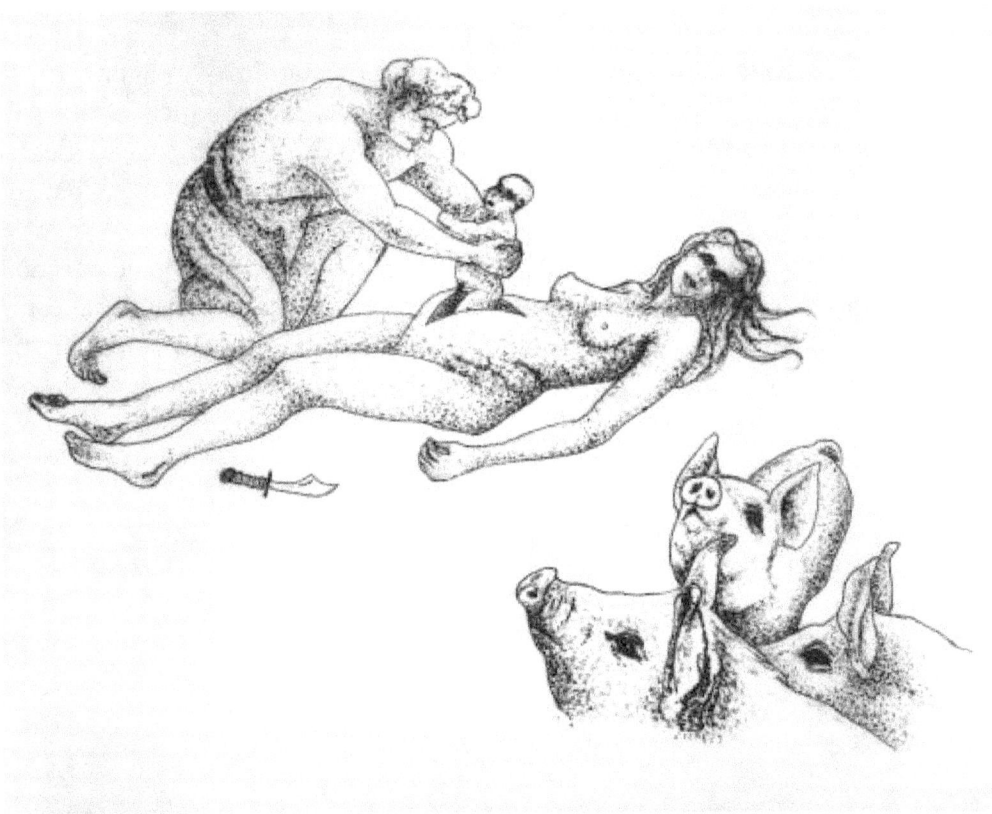

Ilustración 55: Primer cesárea.

La primer cesárea de que se tiene conocimiento fue en el año de 1500, Jacob Nufer, un castrador de cerdos, que vivía en Sigershausen, Suiza, se la practicó a su esposa que tenía ya varios días en labor de parto.

El anatomista y botánico Caspar Bauhin relata el momento: el marido después de implorar el auxilio divino y de cerrada la puerta cuidadosamente, coloca a su mujer encima de una mesa, y le abre el abdomen, como se hace para los cerdos. Y supo hacerlo con tanta destreza que al primer corte se puede extraer el niño sin ninguna lesión. Once comadronas que estaban cerca de la entrada, sintiendo los llantos del niño, intentaban entrar con todos los medios, pero no fueron admitidas antes de que se limpiase al niño y se suturase la herida abdominal, según costumbre veterinaria. La mamá y el niño sobrevivieron. Esta historia fue el primer registro escrito de una cesárea practicada a una mujer viva. A pesar de ello, algunos historiadores dudan de su veracidad, pues fue escrita 82 años después de su acontecimiento. (CONACYT, 2017).

También se tiene conocimiento de la historia de Inés Ramírez, indígena mexicana, campesina Oaxaqueña, que se practicó a sí misma una cesárea. Don Francisco de la Reyna, albéitar, nacido en Zamora España, escribió en 1546, un libro de albeitería donde describe la circulación de la sangre. Los cirujanos de la época eran por excelencia albéitares y barberos.

En el Siglo XXII, la Abadesa Hidelgarda de Von Bingen, místico personaje del medievo, curandera, lingüista, poeta, artista, musicóloga, biógrafa, teóloga, y consultora espiritual; consultada tanto por papas y gobernantes, escribió un compendio de patología y terapéutica (physica) libro de medicina sencilla, y otro de medicina compleja, causas y remedios (Hani, 2011).

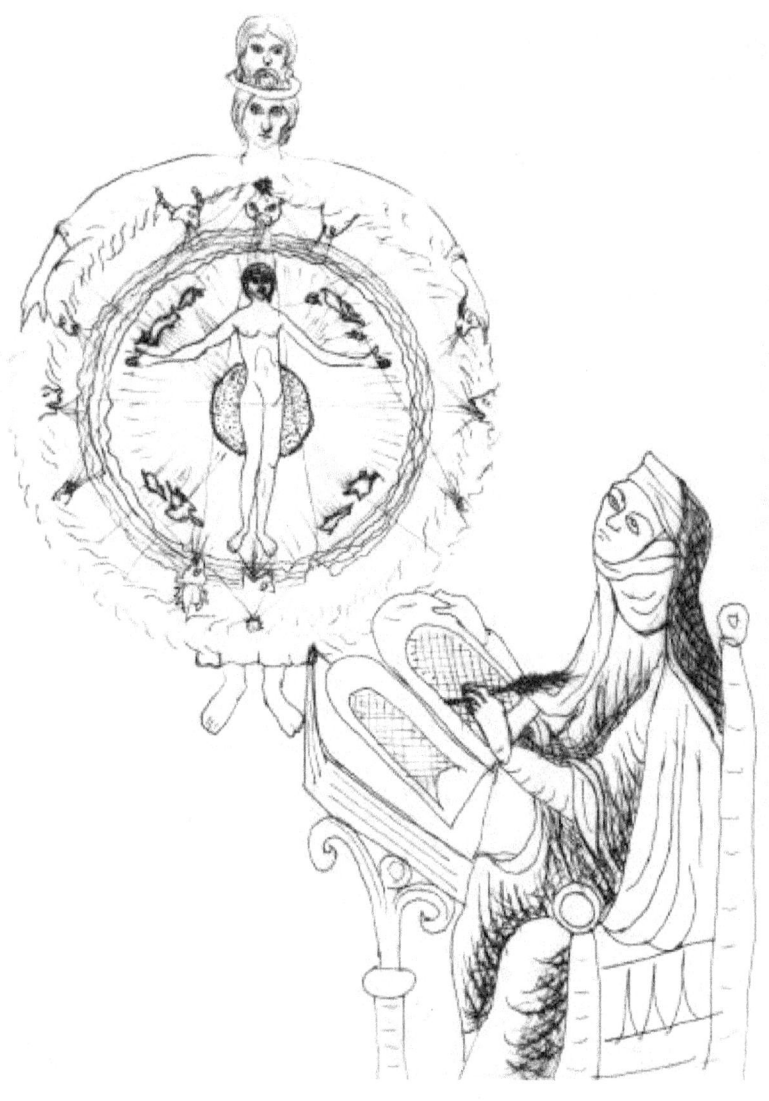

Ilustración 56: La Abadesa Hidelgarda de Von Bingen. Asesora de los poderosos de su época.

Finalizado el siglo XII y durante el XIII las principales escuelas europeas se transforman en universidades, esto profundiza la diferencia social e intelectual entre medicina humana y veterinaria, surgen en casi todas las universidades facultades de medicina humana, lo que no sucedió con la albeitería por considerarse un arte un oficio.

Ilustración 57: Noble, cazando ciervos.

En el siglo XIV nacen los gremios como organización que protege y controla a sus asociados, creando la afiliación como obligatoria para el ejercicio, una razón de peso para crear estas organizaciones fue la proliferación de sanadores sin preparación que competían con los albéitares.

Posteriormente estos gremios se degeneraron por dar importancia solo a la actividad económica. Una vez expulsados los moros de la península Ibérica los nuevos reyes formaron el real tribunal de protoalbeiterato, tribunal conformado por maestros de la herrería quienes adiestraban a los aspirantes hasta lograr impartirles los conocimientos que le permitieran optar al título de albéitar y obtener la autorización para ejercer en forma independiente. Funcionó durante tres siglos y dejó de funcionar en 1793, al formarse la primera escuela de medicina veterinaria en España.

Medio Oriente. Viejos secretos del pasado

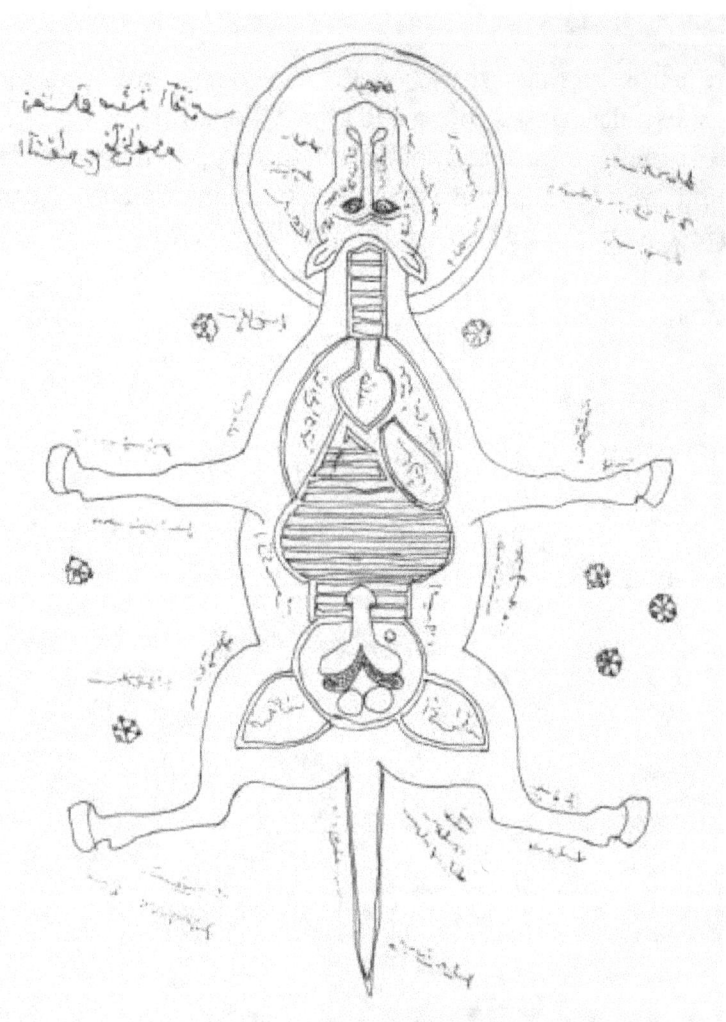

Ilustración 58: Manuscrito de la anatomía del caballo.

Muchos de los conocimientos de la humanidad fueron suprimidos por la primera iglesia cristiana, pero afortunadamente con la recopilación ordenada por el emperador Bizantino de toda la literatura veterinaria existente, se pudieron salvar estos conocimientos. De no ser así, se hubieran perdido en el oscurantismo europeo.

La hipiátrica Bizantina se extendió por el próximo oriente y los reinos del centro asiático. Bien por las demandas existentes en estos países de conocimientos sobre la ciencia de curar al caballo, o por las luchas iconoclastas (movimiento que rechazaba el culto a las imágenes sagradas y las destruía) que impulsaron a algunos científicos a emigrar.

En Arabia ya existía una fuerte tradición equina, concentrada en el conjunto de conocimientos llamados "furusiyya" las disciplinas vinculadas al caballo que abarcaban eran amplias y variadas, que comprendían equitación, uso de armas, tiro arco, práctica de polo, caza, cetrería, hipología, e hipiátrica, fruto de la influencia aparecen los primeros tratados sobre caballería e hipiátrica. El término evolucionó de al-baytar traducido al griego hippiatros, que en castellano se denomina albaitar (Allué, 2011).

Ilustración 59: Danzando con caballos.

Occidente tiene una gran deuda con Oriente, por el rescate de este tesoro veterinario, éstos los conservaron y los perfeccionaron, para pasarlos de nuevo a Europa por la península Ibérica. Los árabes distinguían dos áreas muy bien diferenciadas: la hipiatría, que era estrictamente médica, y la hipología, que estudiaba fisiología, manejo y hasta cultura.

A continuación se mencionan algunas de estas obras de la medicina veterinaria:

- Ibn Jakoub escribió un libro sobre equitación y herraje, en el año 695.
- Albucasis llamado: el padre de la cirugía.
- Gafequi era una enciclopedia del saber, botánico-terapeuta, su obra: libro de los medicamentos simples, le valió el título del primer farmacólogo del mundo musulmán.
- Abu Zacarías, su libro Kitab al Falahah, es un clásico. En este no solo se menciona al caballo sino que también al rumiante, aves de corral, abejas, menos al cerdo.
- Al Naceri, escrito por el albéitar Abu Beker-Ibm-Bedr, es una recopilación de patología, diagnóstico y tratamiento, de los equinos.

Ilustración 60: Obtención de lana.

En el imperio árabe, la veterinaria experimentó grandes adelantos y la importancia de los animales domésticos se intuyen en estos versos del Sahara: "Los caballos para la guerra, los camellos para el desierto y los bueyes para los pobres". Allí Maimonides estableció que la saliva de los perros rabiosos era el veneno más peligroso, y descubrió la tuberculosis en los animales de los mataderos, a más de ser el creador de la salud pública veterinaria. Y a Ibnjakoub, se le debe el primer libro sobre equitación y herraje de los caballo (Romón, 2010).

Ilustración 61: Cetrería, el deporte de la realeza.

Los árabes les daban gran importancia a sus caballos, desde ese tiempo ya había verdaderos establos-hospitales. El médico Ibn Al-Baytar (hijo del veterinario) posiblemente puso su apellido para dar origen a un arte, era la profesión de su padre.(Campomedvet, 2017).

Se denominó baytar a quienes se dedicaban a los caballos. Alrededor del año 1332 los árabes realizaron la primera inseminación artificial, en caballos. También eran asiduos practicantes de las sangrías, y llegaron a operar cataratas. (Walker, 1974).

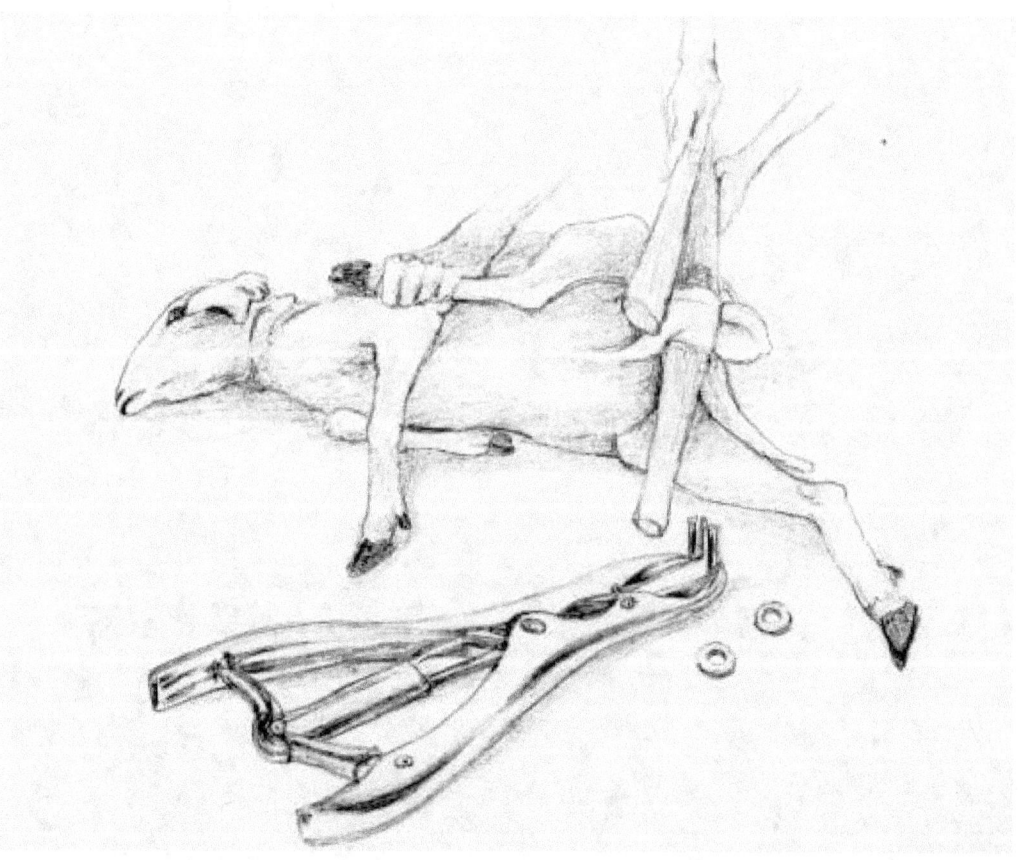

Ilustración 62: Dos formas de castración de ovejas, tradicional y con pinzas.

5. RENACIMIENTO
Rompiendo paradigmas

Durante el Renacimiento, bajo la filosofía humanista sustentada en el racionalismo, los estudios científicos progresaron notablemente.

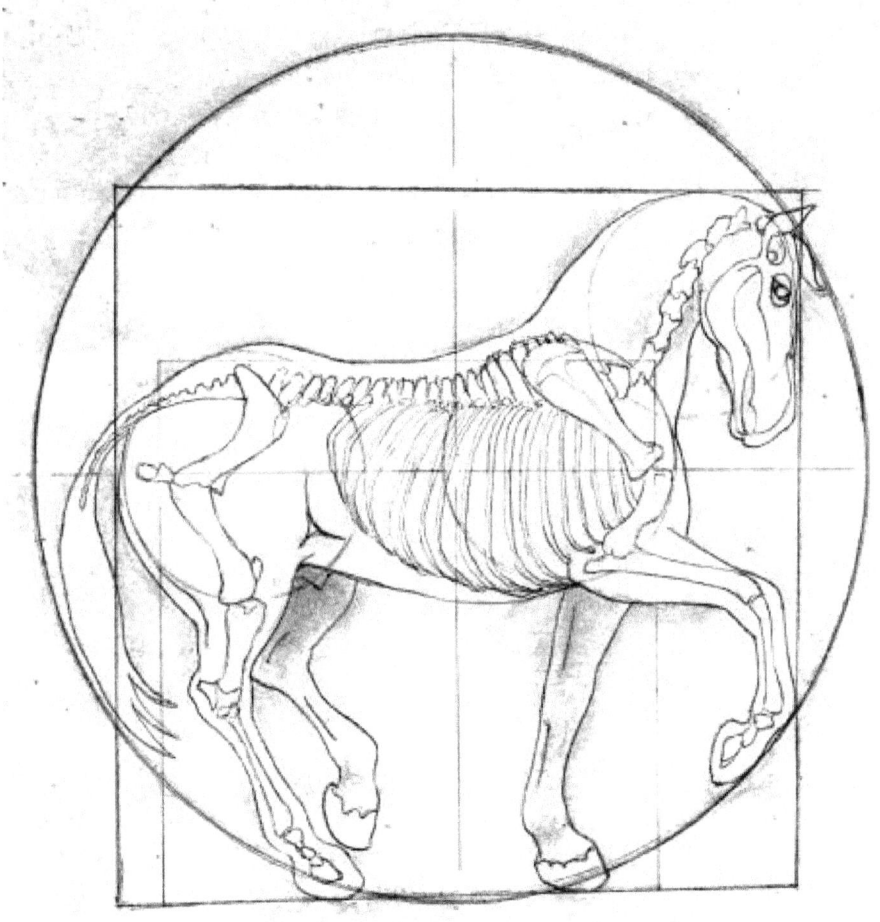

Ilustración 63: Caballo renacentista

Durante el renacimiento, las ciencias médicas evolucionaron principalmente en dos ámbitos: el conocimiento de los autores clásicos y la crítica de ese saber a partir de los nuevos planteamientos humanísticos. En esta época resurgió el estudio de la literatura clásica grecorromana, es decir, hubo un retorno o vuelta al origen; en general se desarrolló un gusto por la cultura. Se trataba de ser libre, crítico y escapar del autoritarismo y el dogmatismo de las enseñanzas de personajes como: Galeno.

Una de las disciplinas que más impulso tuvo durante el renacimiento, fue la anatomía. En esta etapa arte y ciencia fueron de la mano, siglos antes de la fotografía, los médicos solo contaban con los artistas para interpretar la anatomía. *Anatomi porci*, fue el primer tratado de anatomía que se publicó, probablemente de la escuela de Salerno. Serían los grandes maestros de la pintura los que interpretarían la anatomía humana y animal con toda clase de detalles. Entre los pintores naturistas destaca Leonardo Da Vinci, quien no solo representó las formas externas, sino que investigó y representó las partes internas de los organismos. Sus investigaciones científicas anticiparon muchos avances de la ciencia moderna.

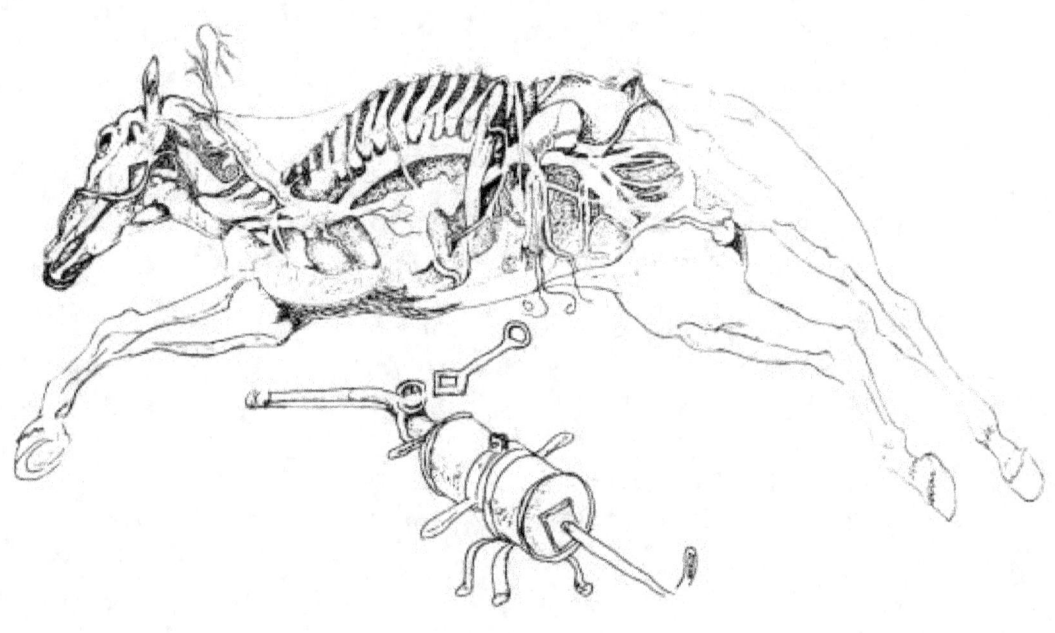

Ilustración 64: Tratado completo de la medicina de los caballos. París 1772, la aorta y sus divisiones.

No se puede entender el avance en esta época de las ciencias, en general, y de la anatomía, en particular, sin tener en cuenta los conceptos humanistas que guiaron los pasos de los pensadores renacentistas, entre ellos a los artistas, cuyas inquietudes fueron el motor esencial de cambio. La nueva relación con la naturaleza, que respondía a una visión racionalista de la ciencia, y el hecho de situar al hombre como medida de todas las cosas, exigieron al artista una formación científica que le permitiera liberarse de las pesadas cadenas del oscurantismo medieval a la búsqueda de la belleza ideal, de acuerdo a los cánones clásicos, trajo consigo el interés por la perfección física, lo cual estimuló la creación de nuevos estudios anatómicos que aportarían importantes avances a la medicina (García Guerrero, 2012).

Mondino Luzzi, disecó varios animales domésticos, así como algunos humanos, renaciendo una práctica que había sido abandonada por más de mil años. Andrés Vesalio en su obra rehace toda la anatomía humana, una de sus primeras iniciativas fue romper la tradición académica, de limitarse a leer textos, mientras un ayudante explicaba las partes del animal, Vesalio mismo realizaba las disecciones de animales o humanos y las explicaba. En aquella época, no era bien visto que un profesor hiciera trabajos manuales, aunque desde la época de los faraones en Egipto era una costumbre ligada a la veterinaria solo por su método de estudio y la disección animal. Gracias a la juventud de Vesalio, a sus 25 años, lanzó todo un desafío a la anatomía establecida por Galeno, dándose cuenta que éste nunca había disecado cadáveres humanos, a los que solo aplicaba las observaciones realizadas en las necropsias de los animales.

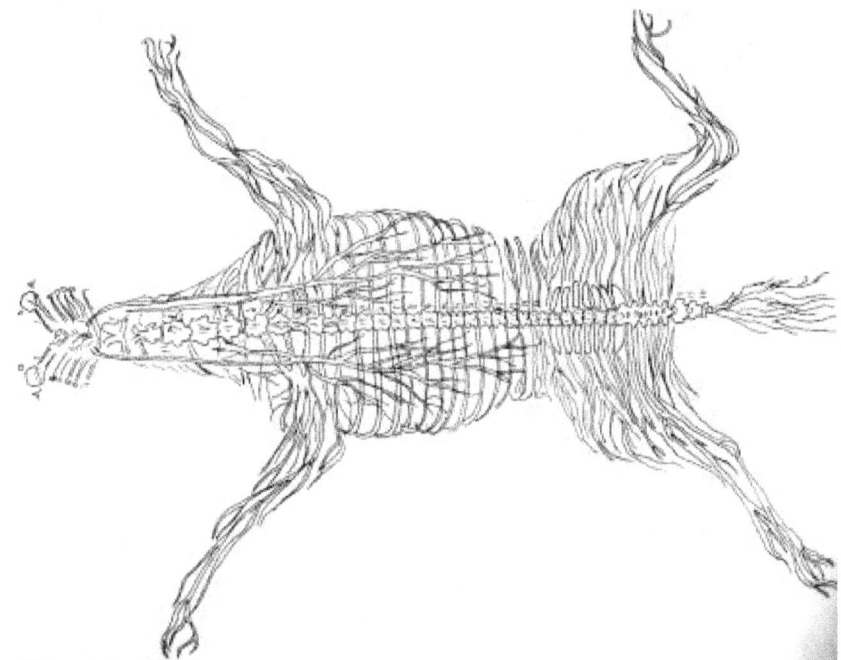

Ilustración 65: Caballo de Ruini.

La descripción más antigua que hemos encontrado sobre la anomía del caballo, es la figura, en el capítulo LXXXV del manuscrito de Álvarez de Salamiella, siglo XIV. Que el autor titula: "De como es el caballo", capítulo tan breve como impreciso.

La anatomía renacentista fue toda una revolución científica en la albeitería, en gran parte gracias al italiano Carlo Ruini, quien merece le prestemos atención por ser el autor del primer tratado de anatomía del caballo con altura científica, sus excelentes y numerosas ilustraciones, son el resultado de sus observaciones directas sobre el cadáver. Durante dos siglos la obra de Ruini tuvo gran aceptación y fue objeto de numerosas ediciones y traducciones. No escapó a la crítica, de su estilo literario, acusada de ser escrita vulgarmente y en especial de haber plagiado los grabados de las obras de Leonardo Da Vinci. (Dualde Pérez, 2009)

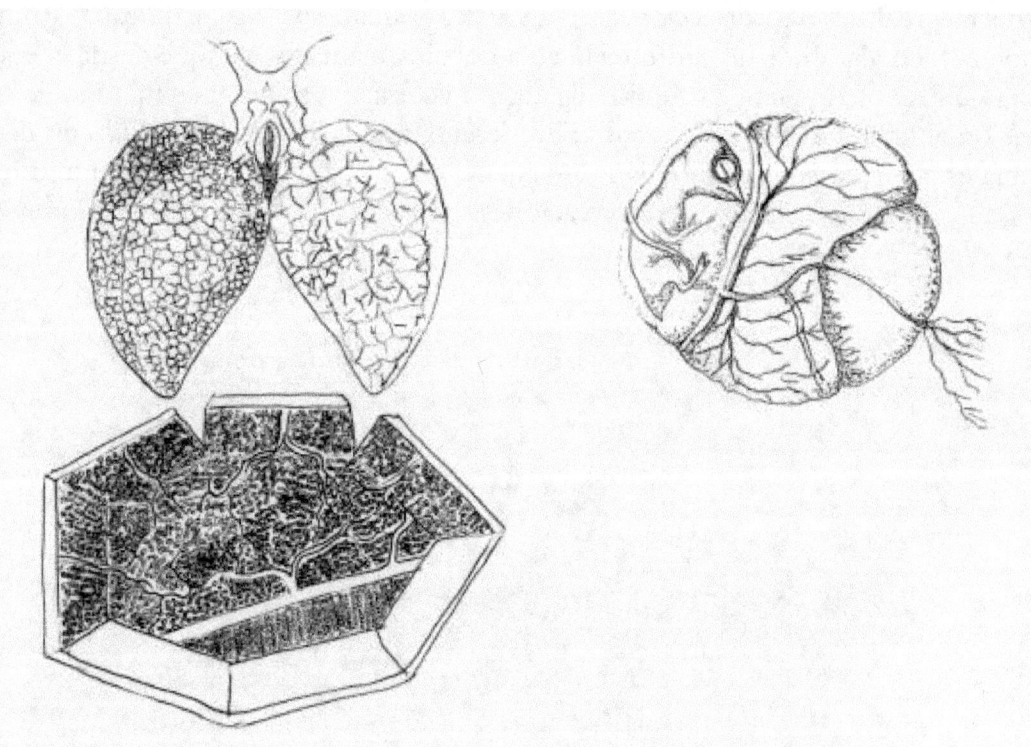

Ilustración 66: Dibujos, pulmones de rana y polluelo de Marcello Malpighi.

Marcello Malpighi, es considerado el fundador de la anatomía microscópica, aspiró a conocer la estructura de la materia, por eso estudió las plantas, los animales y al hombre. Publicó sus estudios microscópicos sobre la estructura de los pulmones, trabajo realizado en una rana. La embriología adquirió un fino contenido estructural (Belloni, 1973).

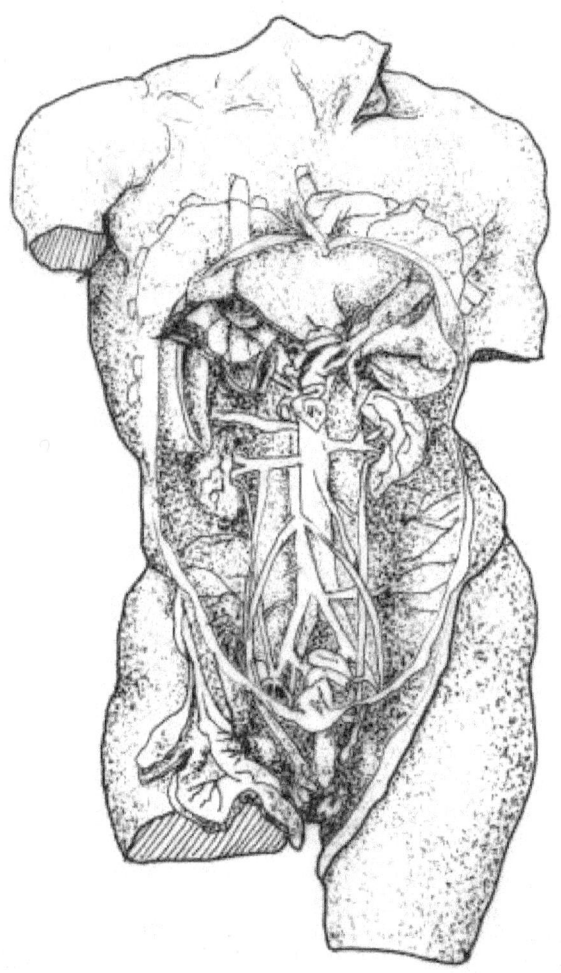

Ilustración 67: Anatomía de Vesalio.

Solleysel Labessie escribió: "el perfecto mariscal, se enfrentó a los ignorantes hipiatras Parisinos, como él les llamaba". Sus aportaciones reformaron la práctica del hipiatra reestableciendo la investigación meticulosa y el sentido común, dignificando la práctica veterinaria. Esto debió allanar el camino para la fundación de las primeras escuelas de veterinaria (Islas, 2017).

Ilustración 68: Estatua Claude Bourgelat. Arquitecto de la veterinaria moderna de occidente.

La medicina de 1700 todavía estaba muy vinculada con las tradiciones medievales y relacionada exclusivamente con el caballo, el resto de los animales domésticos eran atendidos por curanderos. Para comienzos del siglo XVIII, la profesión estaba muy devaluada y carente de praxis científica, que la ubicará en el nivel que requiere la problemática sanitaria del Siglo de las luces.

Los ilustrados sabían que la agricultura y la ganadería eran una fuente de riqueza nacional. Y también que la insalubridad de las explotaciones de la cría de ganado, causaba proliferación de epidemias que generan periodos de escasez de alimentos y hambre en las poblaciones (Vincenc, 2011).

Durante el siglo XVIII, se produjeron tremendas plagas de enfermedades que mataron la mitad del ganado del reino. El deseo de entender qué pasaba con los animales, y la influencia de Verdín político francés, y Madame de Pompadour, la favorita del rey, terminaron por convencer al monarca de formar una escuela de veterinaria. Así que por decreto real, un 4 de agosto de 1761, se estableció en la ciudad de Lion Francia la primera escuela de medicina veterinaria del mundo.

Ilustración 69: Stephen Hales y la presión arterial 1761

El abogado Claude Bourgelat, discípulo de Solleysel, fue el encargado de fundar la primera escuela de veterinaria en el mundo. Casi inmediatamente después se inauguró la de Alfort, cerca de París en 1764, también por iniciativa de Bourgelat.

La historia tiene paradojas que son difíciles de situar en un contexto científico, personajes que han llegado a tener un protagonismo singular, lo han sido a menudo por el hecho de haber vivido en un ambiente ideológico particular, una coyuntura social concreta, con sus actores políticos y sociales determinados y haber estado en el lugar y en el momento adecuado para que se pudiera materializar su proyecto. Este es el caso de Claude Bourgelat, un abogado de clase humilde, quién gracias a su vinculación con el ejercicio ecuestre, fue ganando posiciones sociales hasta poder sacar adelante una propuesta docente que revolucionaría la veterinaria occidental. (Allue, 2011)

Bourgelat es nombrado caballerizo del rey y director de la escuela de equitación de Lion. Estudia anatomía, fisiología, y patología animal. Identificó las relaciones entre la medicina humana y la medicina veterinaria y se le considera el inventor de la biopatología comparada.

Escribió varias obras: *Le Nouveau Newclastle*, en 1744, se trata de un tratado de doma y equitación. Una obra con criterio científico, que trata ya al caballo desde todos los puntos de vista: anatomía, fisiología, patología, higiene, terapéutica y con nociones de producción y selección. Su gran obra fue: *Elements de l'art vétérinaire*. Y *Réglements pour les Écoles royales vétérinaires de France (*Torres, 2011*)*

Las puertas de nuestras escuelas están abiertas a todos aquellos cuya misión es velar por la conservación de la humanidad y que han adquirido, por el buen nombre que han alcanzado, el derecho de acudir a ellas para estudiar la naturaleza, buscar analogías y verificar ideas cuya confirmación puede ser útil para la especie humana. Reglamento para las reales escuelas de veterinaria, 1777. (Villamil, 2011).

Con Bourgelat, se cerraba el oscurantismo e iniciaba el siglo de las luces en Francia. La nueva escuela recuperó el término veterinario, utilizado por vez primera por Columena, en su obra de rústica, vocablo que había caído en desuso durante la edad media.

Ilustración 70: En 1667 el médico Francés Jean-Baptiste Denys, realizó la primera transfusión de sangre de una oveja a un joven.

La nueva escuela tenía las materias de: vendajes, teoría y práctica de las operaciones manuales cortando y quemando el cuerpo de los animales vivos, medicina interna y externa y por vez primera se introducía como materia la higiene. El primer centro francés recuperó el término: veterinario, que había caído en desuso desde la edad media, este sustituiría definitivamente al de hipiatra, en los libros de texto y científicos. En la actualidad, los veterinarios Franceses, al término de la carrera siguen mirando la deontología profesional con el *serment* de Bourgelat que es como el hipocrático de medicina (Allué, 2011).

Claude Bourgelat falleció en París el 3 de enero de 1779, que mejor elogio que las palabras que le dedicó Voltaire en 1771, escribió: admiro sobre todo su ilustrada modestia. En nada se asemeja a esos físicos que se ponen en el lugar de Dios y crean un mundo con sus palabras. Con su experiencia ha abierto una nueva carrera. Ha prestado verdaderos servicios a la sociedad, esa es la física buena (Torres León, 2011).

Ilustración 71: Rinoceronte y liebre de Durero.

6. SIGLO XVIII y XIX

Descubrimiento de un mundo microscópico

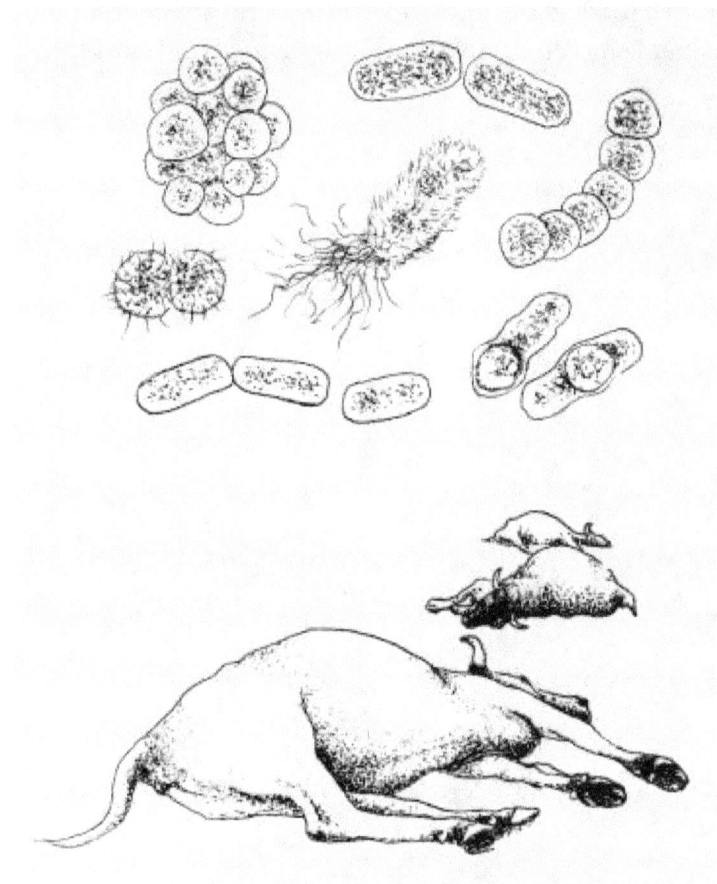

Ilustración 72: Un espantoso enemigo invisible. El que no tiene fe en la humanidad es porque no conoce la guerra contra la viruela, algo invisible mataba a casi medio millón de personas al año, en la vieja Europa del siglo XVIII.

El microscopio nos muestra un mundo invisible. La colaboración de las ciencias médicas, veterinarias y humanas, fueron muy notorias a partir de esta época.

Durante el siglo XVIII ocurrió la ilustración Europea, un movimiento cultural e intelectual latente desde tiempo atrás. Se puede decir que es aquí donde surge la ciencia moderna, se comenzó a recopilar toda la experiencia previa, fue una de las más grandes transformaciones de la mentalidad humana, fue una crisis de conciencia, de dudas y raciocinio, y finalmente condujo un cambio de actitud del hombre frente al mundo que lo rodea. Fue de tal magnitud que acompañó a la revolución industrial, hecho sin precedente que coloca a la ciencia y al desarrollo del capitalismo en un mismo plano histórico. (Camacho, 2007).

Ilustración 73: Cartulina de la época sobre las vacunas. Las vacunas son una de las historias de éxito de la medicina moderna. Pasteur demostró que las enfermedades se podían evitar al infectar a los humanos con gérmenes debilitados.

Los progresos de la ciencia médica eran aprovechados por la profesión veterinaria que acababa de ser organizada, los estudios médicos habían recibido fuertes impulsos desde la revolución francesa, los viejos colegios eran abolidos y las facultades disueltas. Francia se elevó rápidamente hasta el primer plano del mundo científico. Edmond R Long dijo: *"Los más brillantes profesores clínicos que jamás han existido, desempeñaban la triple función de cuidar a los enfermos instruir clínicamente y disecar meticulosamente a los cadáveres, quemando sus energías en una fiebre de investigación"*.

Inglaterra había seguido una evolución similar. *London Veterinary School* se fundó en 1792, se formó un equipo similar al de París, la figura más ilustre fue William Youatt, que tuvo mucha influencia sobre la veterinaria.

Edward Jenner, exterminador del monstruo pustuloso

A la edad de 13 años, el inglés Edward Jenner, comenzó sus estudios profesionales en medicina. También manifestó una gran inclinación por la botánica y la zoología. Le ofrecieron el puesto de naturalista en la famosa expedición del capitán Cook. Pero este prefirió ir a ejercer la medicina a su pueblo natal. El 14 de mayo de 1796 es una fecha memorable en la historia de las ciencias en general y del efecto preventivo de la vacuna en particular, debido a que Edward Jenner hizo la primera inoculación contra la viruela. Un niño de ocho años de edad, llamado James Phipps, fue el primer inoculado con secreción recogida de una pústula vacuna (viruela de vacas) en la mano de una lechera que se había infectado durante la ordeña. El primero de julio siguiente inoculó de nuevo al pequeño, esa vez con pus procedente de una persona enferma de viruela. Este quedó indemne, con lo cual se demostró la acción profiláctica de la inoculación contra la viruela humana (Espinosa, 2010).

La primer transfusión de sangre acertada registrada, fue realizada por el medico británico Richar en 1665, cuando sangró un perro casi hasta su muerte y después lo restableció haciendo una transfusión de sangre de otro perro vía una arteria. La primera transfusión de sangre a un ser humano la llevó a cabo el matemático francés Jean Baptiste Denys, en junio de 1667, inyectó sangre de oveja. Cinco meses después, Richard Lower realizó en Inglaterra dos transfusiones de sangre de oveja al estudiante de teología Arhur Coga.

En 1732 el Inglés Stephen Hales, quién fue un párroco de profesión pero su verdadera vocación era la fisiología, mide la presión arterial de una yegua viva, mediante un tubo de cristal y la tráquea de un ganso (Thierer, 2017).

En 1782 el Italiano Lázaro Spallanzani, escribe un documento sobre inseminación artificial en perras, con semen natural a temperatura corporal.

Los trabajos de Louis Pasteur son ya suficientemente conocidos, como es la inmunización de la hidrofobia, de modo que nos limitaremos a recordar que sus trabajos de fermentación le llevaron al estudio de la putrefacción y la infección de heridas. La labor de Pasteur llevada a cabo sobre bases científicas, resultó inmediatamente aceptable para los veterinarios. Pasteur puso fin a muchas dudas, creencias supersticiosas sobre diversas enfermedades. Sus trabajos constituyeron la base de la inmunología y la elaboración de vacunas en serie, permitiendo el control de muchas enfermedades. El éxito de la vacuna antirrábica tuvo una gran resonancia, y esto le trajo buenas consecuencias, quien hasta entonces había trabajado con medios más bien precarios, el apoyo popular hizo posible la construcción del instituto Pasteur fundado en 1888 (Dualde Pérez, 2009).

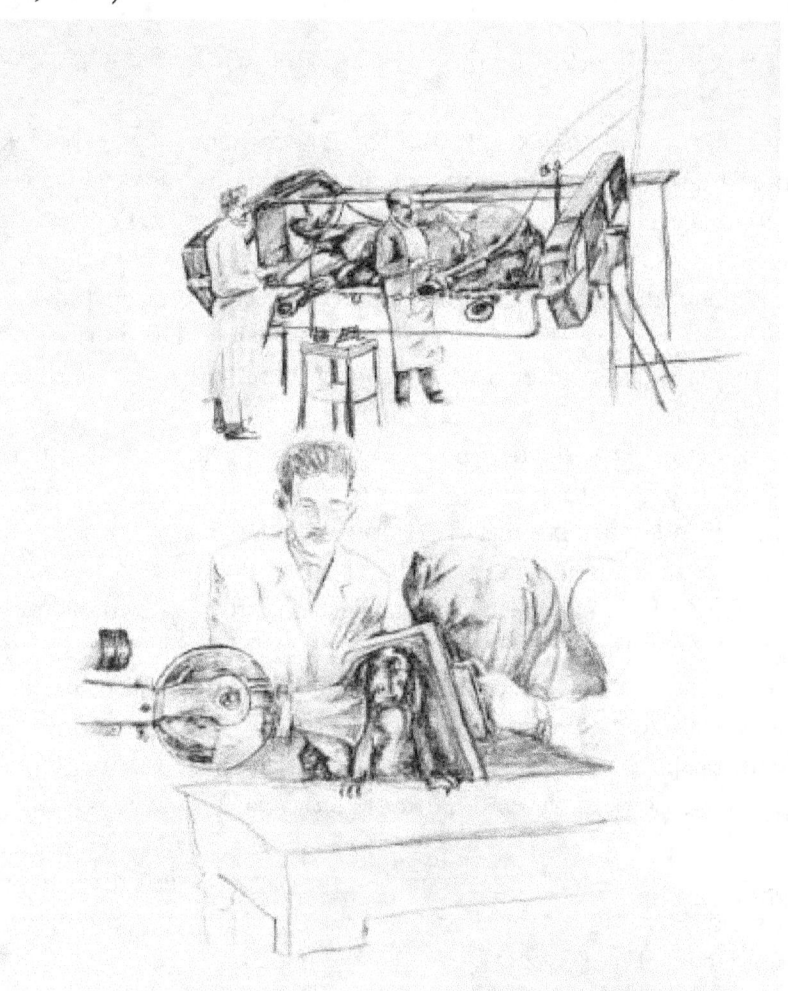

Ilustración 74: Avances de la medicina como los rayos X.

El patólogo norteamericano Daniel Elmer Salmon descubrió en 1885 al primer representante del amplio grupo de las salmonellas, junto con Smith abren el camino para demostrar el papel secundario de la salmonella y pasterella en numerosos procesos víricos (Dualde Pérez, 2009).

Ilustración 75: Las primeras prácticas de cateterismo se realizaron en animales. Realizado por el Dr. C. Bernard en 1844. Es considerado el padre de la medicina experimental. "El germen no es nada, el medio lo es todo"

Berbard Launts Frederick Bang descubrió el germen que producía la brucelosis bovina, "enfermedad de Bang" Karl F. Meyer puso de manifiesto la importancia de los focos naturales y de las infecciones inaparentes, como factores de riesgo de la problemática de las zoonosis, base fundamental de la epidemiologia ecológica Marie François Xavier Bichat con su trabajo titulado: *Tratado de las membranas,* le valió el título de fundador de la histología. También escribió, la vida y la muerte y varios más. Se considera el padre de la patología.

Ilustración 76: Fragonard, el primer maestro de anatomía en Alford, desarrolló unas escalofriantes figuras, como esta del jinete del apocalipsis, rodeado de una multitud de fetos humanos cabalgando sobre ovejas y fetos de caballos. Lo condenaron como loco y lo expulsaron de la escuela por este motivo. Su especialidad era la preservación de cadáveres desollados.

En Londres, durante 1845 *Te popular Educator*, describe la complicada panza del buey como un órgano destinado a almacenar el alimento.

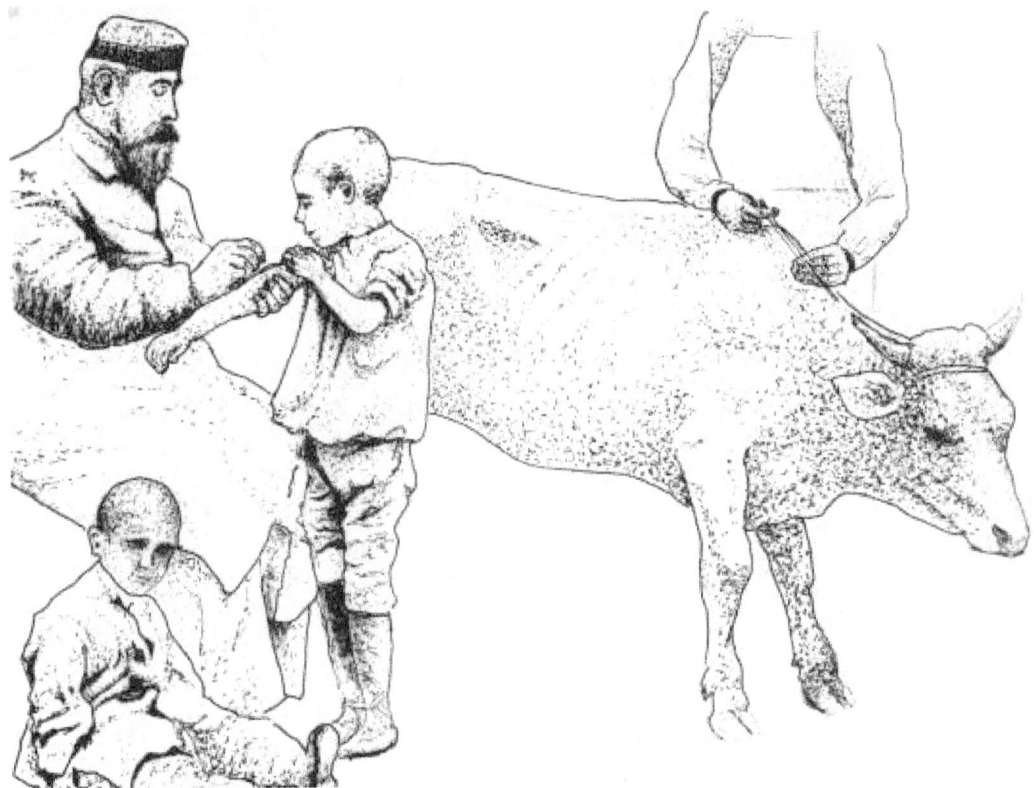

Ilustración 77: Inoculación de pus de vaca en el hospital de niños pobres de Barcelona, en 1890. El medico británico Edward Jenner hizo la primer vacuna contra la viruela en 1976, elaborada de viruela de la vaca.

La vacunación constituye un hito decisivo en la historia de la humanidad. Es indudable que junto con el desarrollo de la higiene, las vacunas son el adelanto más trascendental de la medicina. La rabia, sigue siendo un problema mundial en Asia y África, puesto que mueren 55 000 personas al año, pese a la existencia de vacunas seguras. La rabia figura en la lista de enfermedades zoonóticas desatendidas, según la Organización Mundial de la Salud OMS. Excepto en América latina, donde disminuyó en un 90 % los casos de contagio, actualmente la rabia es la zoonosis viral de mayor importancia en el mundo. (OIE, 2009).

7. AMÉRICA PREHISPÁNICA
Revelando secretos de los territorios salvajes

Al cruzar el estrecho de Bering, los primeros cazadores asiáticos, hace aproximadamente unos 35 000 años, no venían solos, los acompañaban sus fieles compañeros: los perros. De la veterinaria pre-colombina se sabe muy poco, pero debió ser muy rica por el amplio conocimiento herbolario y remedios mágicos usados en los humanos.

Ilustración 78: Chaman en las grandes praderas de Norteamérica.

Existe una gran diversidad de obras de arte mobiliar en Mesoamérica, que abarcan un conjunto de objetos elaborados en piedra, marfil, hueso o madera, de carácter artístico, ritual o decorativo. La primer obra de este género que se conoce es un hueso que simula la cabeza de un coyote. Data de la etapa lítica 33 000 a.C.

De la época prehispánica 2 500 a.C. hay innumerables vestigios que demuestran la relación hombre animal, en su arte era el motivo principal. Esto demuestra la importancia de los animales para el ser humano.

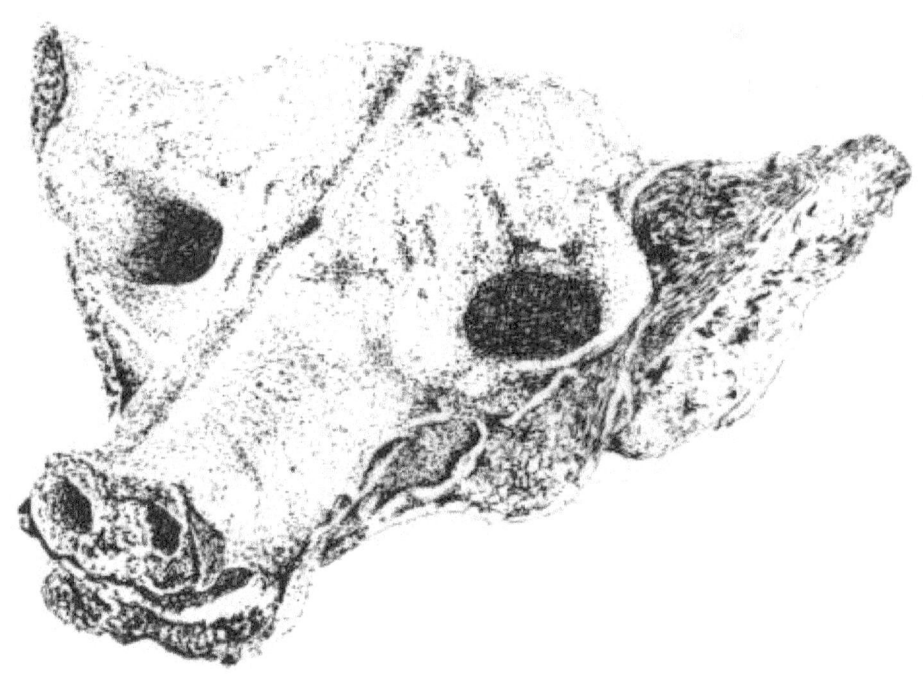

Ilustración 79: Coyote de Tequixquiac, tallado en hueso de Camélido data de 10,000 A.C. se considera la obra antigua de la época prehispánica.

Veneraban a los animales, más no hay mucha información sobre ello. Las primeras escrituras americanas se encontraron en Monte Albán. Los olmecas, zapotecas, luego toltecas, de ahí los mexicas, que son las culturas prehispánicas de las que más información se tiene. Lejos de limitarse como occidente a ser parte de su dieta o exhibirlos en zoológicos, en Mesoamérica convivieron en perfecta armonía con ellos, en la vida cotidiana y en su cosmogonía. (Torres León, 2011).

Ilustración 80: La rampa de los animales, compuesta por 271 placas de piedra con representaciones de animales: aves, reptiles, mariposas, mamíferos. Xochicalco, Morelos.

Al igual que en los viejos imperios del medio oriente, en América no se puede hablar de una medicina veterinaria propiamente dicho. Los pobladores del nuevo mundo tenían bajo su dominio al guajolote, aves de vistosos plumajes símbolo de estatus. También explotaban al conejo, codorniz, paloma, y perros que engordaban con maíz para ceremonias. La proteína la obtenían de la cacería, venado, armadillo, pescado, insectos y reptiles.

A la llegada de los primeros europeos a las nuevas tierras como ellos le llamaban, los grandes imperios como: Inca, Maya y Tolteca, ya habían perecido, solo quedaba el imperio Mexica o Azteca que estaba en su máximo esplendor, de ahí en fuera todo eran pequeñas tribus dispersas por todo el continente, y muchas aun vivían en la edad de piedra.

Así que mucha información ya no estaba y otra fue destruida por los conquistadores, que en su mayoría eran bárbaros que no supieron apreciar la riqueza cultural que estaban destruyendo; de las únicas fuentes de información que disponemos son las crónicas de los primeros españoles que llegaron y dieron su reporte a su modo, a partir de su visión europea, de lo que vieron en la capital del imperio, Tenochtitlán.

Las especies representativas del continente americano, particularmente en Canadá, Estados Unidos y el Norte de México fueron los bisontes, cérvidos, pecaríes, venados y jabalíes; todos ellos permanecen en estado salvaje.

Particularmente, en Mesoamérica, las especies más abundantes fueron guajolotes, liebres y conejos; aparecen en diversas escrituras jeroglíficas por ser considerados animales que representaban deidades, no eran de consumo humano en aquélla época. La pobreza pecuaria del país, fue la razón biológica de los sacrificios humanos y del consumo de la carne de las víctimas (Saucedo Montemayor, 1984).

En la obra titulada *Historia de Tlaxcala*, Diego Muñoz escribió: "Ansi había carnicerías públicas de carne humana, como si fuera de vaca y carnero", Bernal Díaz del Castillo dice: "que el tlatoani mismo compartía el canibalismo de su época".

¿El Zoológico de Moctezuma mito o realidad?

Existen datos que dan fe de su existencia, personas que lo vieron, no que se los contaron como: Hernán Cortés, quien lo menciona en su segunda carta de relación a Carlos primero de España V de Alemania; Bernal Díaz del Castillo, en la historia general de las cosas de la Nueva España; y Fray Bernardino de Sahagún en la historia general de las cosas de la Nueva España. En ellas hablan de las casas de las aves y la casa de las fieras, al cuidado de cientos de hombres que su única labor era atender a los animales, limpieza, mantenimiento, alimentación, y cuidado de huevos y crías, y animales enfermos.

Hay reportes de otras casas de cautividad en otros lugares como: Texcoco, Tula, Hidalgo y Casas Grandes, Chihuahua. Para tener esa cantidad de personal cuidando un gran número de animales, se debe saber lo que se está haciendo, los veterinarios sabemos lo que pasa con animales confinados (Valadez, 2003).

Los nombres que recibían los curanderos de animales de esta época se denominaron: *Tecuanpixque,* guardián de las fieras y *Calpixque,* guardián de las aves (Blanco & otros, 2009).

Estos datos nos revelan un gran conocimiento de la fauna, así como los hábitos de alimentación y reproducción de cada especie. Una prueba más de la relación intrínseca entre ser humano y animales en todas las civilizaciones y épocas históricas.

Como hemos señalado con anterioridad, los mitos y leyendas han acompañado al ser humano, permitiendo describir la importancia de diversas especies en américa prehispánica. Un claro ejemplo es la leyenda del tlacuache.

Ilustración 81: Leyenda del tlacuache

La leyenda del tlacuache

Antes de que los seres humanos tuvieran entre sus manos la magia del fuego, la oscuridad y el frío reinaban durante las noches. En esos tiempos la vida era muy difícil. Comían sus alimentos crudos y el frío era muy intenso en los inviernos. Imploraban porque pasara pronto el invierno, añoraban cada mañana la salida del sol para ser calentados un poco con este.

Una noche una estrella de fuego se desprendió del cielo y cayó a la tierra, ésta fue retenida por una vieja bruja que guardó el fuego para sí misma. Cuando la gente se enteró de esto, le pidieron un poco a aquella mujer, pero esta se negó y los corrió de su casa.

Los hombres no sabían qué hacer para obtener un poco de ese fuego. Entonces un pequeño tlacuache los oyó lamentarse y les dijo que él les traería el fuego siempre y cuando dejaran de perseguirlo y cazarlo. Los hombres se rieron y se burlaron del pobre marsupial. A pesar de la burla, el tlacuache se dirigió hacia la casa de la bruja.

Cuando llegó a dicha casa dijo: buenas noches señora lumbre, hace mucho frío ¿verdad? Quisiera acercarme un poco para calentarme porque hasta los huesos me duelen del frío. La hoguera se compadeció del pobre animalito y lo dejó acercarse, el tlacuache se arrimó poco a poco hasta quedar muy cerquita de la fogata. En ese momento sin que la bruja se diera cuenta, metió la cola en el fuego y corrió y corrió hasta llegar a donde estaban los hombres. Fue así como el tlacuache cumplió su promesa y por eso le quedó la cola pelada. Pero los hombres no cumplieron su promesa y siguieron cazándolo.

Reyes o emperadores, ricos y poderosos, en todas las culturas y tiempos les ha gustado tener animales, como: el parque de la inteligencia, fundado por Wu Wang en China en el siglo XII, 1150 a.C. que desapareció a mediados del siglo IV a.C. y el parque zoológico de Aristóteles de Estagira, formado con animales que su discípulo preferido Alejandro de Macedonia, el Magno, le hizo llegar desde todas las tierras que iba invadiendo (Del campo & Sánchéz, 2006).

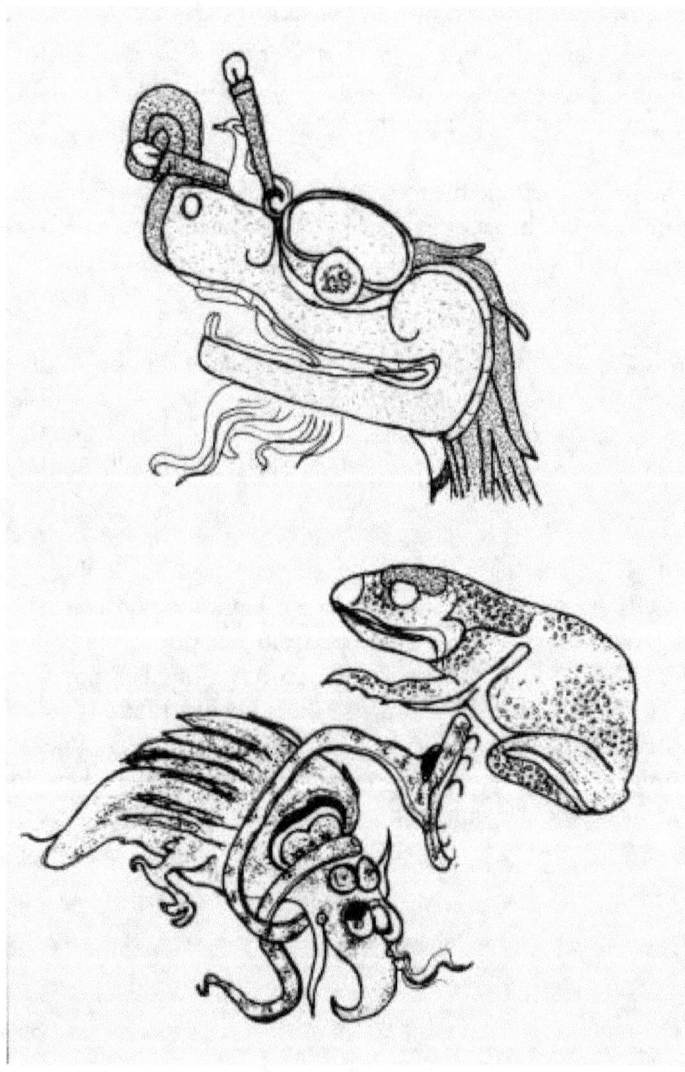

Ilustración 82: Los mayas vivían de una manera armónica con el medio ambiente, lo que les permitía conocer las propiedades curativas de las plantas y animales. Un modus vivendi que sigue vigente.

Las comunidades prehispánicas criaban perros en cautiverio, codornices, conejos, palomas, patos, y grandes explotaciones de guajolotes, perros "xoloitzcuintli" que se engordaba con maíz antes del sacrificio. Eran para celebrar fiestas como bautizos y matrimonios.

Las abejas son el segundo grupo de animales domésticos: *melipomafulvipes, melipomabeeckei, melipomadoméstica*. Que son todavía aprovechadas por comunidades rurales que habitan el sureste del país. Los españoles aprovecharon los conocimientos de la apicultura indígena, sobre todo del sureste en la península de Yucatán, para introducir y explotar, la abeja Italiana *Apis mellifera* y el gusano de seda en Guanajuato y Oaxaca.

Ilustración 83: Ajolote Mexicano, criatura súper dotada, posee cualidades que siguen siendo un misterio. Es capaz de regenerar cualquier parte de su cuerpo, incluso del cerebro y corazón.
El xoloitzcuintle, perro originario de México, su nombre proviene del náhuatl: xólotl, extraño y de la palabra itzcuintli, perro.

Las altas esferas de la sociedad comían carne, el perro *xoloitzcuithl* solo se consumía en ceremonias. El pueblo consumía lo que podían cazar, pero en su mayoría insectos y reptiles. A la llegada de los españoles casi lograron extinguir al *xoloitzcuithl,* por ser considerado sagrado para los aztecas, logró sobrevivir en lo profundo de la sierra de Oaxaca y Chiapas.

Para entender la medicina mexica hay que comprender primero su cultura, para ellos las enfermedades era un conjunto de un todo y así era el remedio. Medicina basada en la religión, magia, y conocimiento empírico.

Hoy en día nos cuesta trabajo entender esa cultura porque las fuentes que tenemos fueron tomadas por los primeros conquistadores llegados de España. Ejemplos empíricos son: la cola de tlacuache usada en los partos, durante años la medicina despreció su utilidad, hasta que se demostró que contiene oxitocina.

Tratamiento de heridas con orina, fresca, (calientita) en los campos de batalla era más estéril que el agua. Y se trataba con planta del pollo (*comellinapallida*), la cual tiene propiedades astringentes y hemostáticas. Y se cubría con agave, que contiene efectos hemostáticos y detergentes.

Estos remedios pertenecen a un manuscrito redactado en náhuatl por Martín de la Cruz, médico indígena de formación empírica. Fue descubierto en la biblioteca vaticana en 1929 y regresó a México en 1990 gracias a Juan Pablo II. Contiene información sobre 215 plantas.

La información puramente farmacológica del manuscrito es muy valiosa tanto desde el punto de vista histórico como científico. Cabe señalar que se han encontrado muchos más libros sobre medicina veterinaria en esta biblioteca. Los aztecas eran agricultores con pocos animales domésticos. En algunas áreas la medicina azteca estaba más desarrollada que la europea. Se ha demostrado que gran parte de sus remedios tenían una base empírica. Existe muy poca información sobre que conocimientos y técnicas tenían los aztecas para curar a los animales, pero sabemos que lo hacían (Cordero, 2003).

Ilustración 84: Guajolote, el olvidado símbolo Mexicano

Los españoles introdujeron al nuevo mundo los bovinos, cerdos, y regresaron al caballo a su lugar de origen: Norteamérica de donde se había extinguido. Al ancestro de los equinos se le conoce como: *Coipus*, un pequeño mamífero, herbívoro de 25 kilogramos de peso, habitó el sur de los Estados Unidos, hace unos 50 millones de años, donde se han encontrado fósiles de este ejemplar.

Cristóbal Colón al no encontrar animales domésticos del tipo europeo solicitó a los reyes de España que enviaran bestias, y así Antón de Alamitos trae los primeros 15 caballos: once caballos y cuatro yeguas; luego llegaron 90 más. En la expedición de Narváez, bovinos y ovinos llegaron primero a la Española (hoy Cuba) la ganadería proliferó rápidamente en esta tierras vírgenes libres de patógenos y grandes depredadores. Colón también trajo al primer Albéitar que pisó el nuevo mundo, el sevillano Cristóbal Caro, en 1495 (Campomedvet, 2017).

Pero los españoles también trajeron agentes patógenos al nuevo mundo. La primera enfermedad que pasó a América fue la influenza, (trasmitida posiblemente por cerdos infectados), de la que da noticia el médico del segundo viaje de Colón en 1493. Se presenta también la primera zoonosis (enfermedades que se transmiten de los animales al ser humano) de la que tenemos noticia y uno de los factores del despoblamiento de las Antillas.

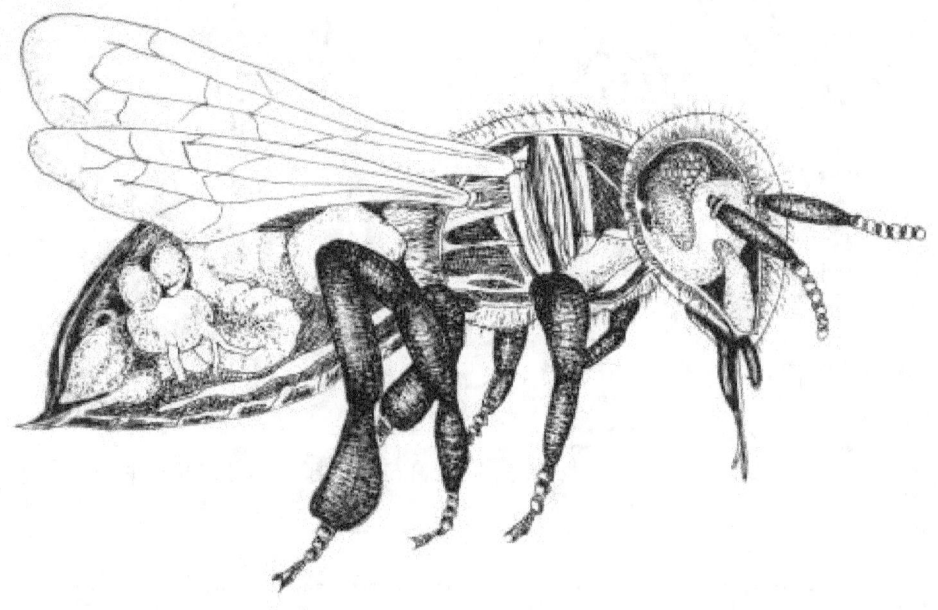

Ilustración 85: La abeja, el ser vivo más importante del planeta. Desde tiempos prehispánicos, los Nahuas y Totonacas de la sierra de Puebla, criaban abejas nativas, de la especie Scaptotrigona Mexicana, nombrada por ellos Pisil Nekm.

La primera noticia de la rabia en América se realiza por el cronista Francisco López de Gomara, hacia 1552, quien menciona, que no hay rabia allí, (Perú) ni en todas las indias. También el médico Juan de Cárdenas, en la Ciudad de México, capital del virreinato de la Nueva España en 1577 cita que: *"ni los perros nativos, ni los traídos por los conquistadores tenían rabia"*. Se admite que no existía en América y que no fue detectada hasta el siglo XVIII cuando Jean-Baptiste Du Tertre en 1688, descubrió un proceso rabiforme en un perro de raza europea. El primer diagnóstico en la América continental corresponde a 1709.

Sudamérica

El imperio Inca resalta en el régimen la propiedad agraria, la racional explotación de los auquénidos (llamas, alpacas, etc.) a 4 000 msnm, aportando carne, piel y como medio de transporte.

Las medidas contra la sarna carache, consistían en enterrar viva a la res, evitando que alguien se comiese su carne. Utilizaban el pato criollo para el control de los insectos que plagaban las viviendas domésticas (Cordero, 2003).

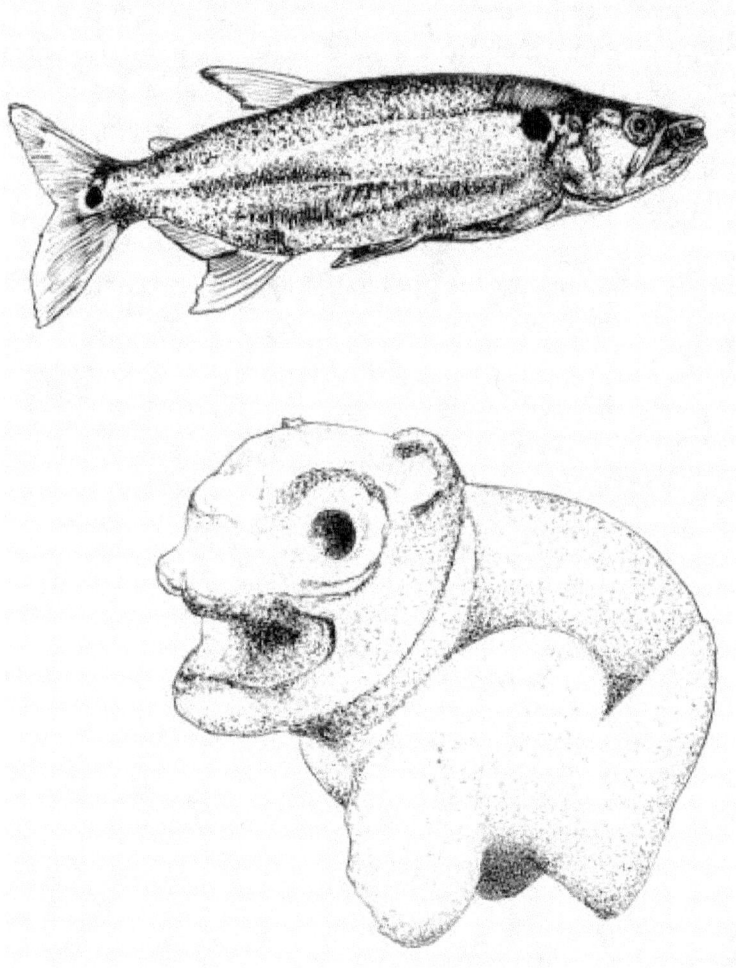

Ilustración 86 y 87 : Pez de Bolivia, Acestrorhynchus pante799"ieza , pre-Inca encontrada a orillas del río Marañon.

Como se ha mencionado con anterioridad, desde el arribo de los españoles a América a fines del siglo XV, se inició un involuntario e imperceptible intercambio de patógenos entre el viejo y nuevo mundo.

Contrariamente a la mayoría de las enfermedades infecto-contagiosas que generalmente viajaron de Europa a América, tenemos el *morbillivirus* responsable del moquillo canino. Este fue de América a la vieja Europa, ya que en este caso dicha enfermedad surgió del norte del virreinato del Perú. A mediados del siglo XVII, el virus debió viajar desde Quito, por un perro mordido por un portador sano, siendo introducido probablemente a través del Puerto de Cádiz, principal puerta de entrada y salida entre las metrópolis y sus hijas americanas hacia el siglo XVIII, es en la península que debió ocurrir la primer epizootia, la cual devasta la población canina hispana, para pasar después al resto de Europa durante la segunda mitad del siglo de las luces (Márquez, 2005).

La piscicultura era practicada por los pueblos indígenas en la actual Bolivia desde antes de la conquista.

8. MÉXICO
El ombligo de la luna

Ilustración 88: Escaramuza

En muy pocos pueblos del mundo el caballo ha llegado a influir tanto en una cultura como en México, aquí se unió hombre-equino naciendo una nueva especie de centauro. Caballeros Ibéricos preñaron a las hijas de la luna, del fruto de esta unión surgieron: jinetes celestiales. Sobre el periodo colonial en México, hay mucha información en los archivos de península Ibérica, desafortunadamente se encuentra dispersa, y además está escrita en español antiguo. La última etapa de la colonia, la gaceta de literatura, publicada por el criollo Jesuita Mexicano Antonio Alzate, es considerada una de las primeras publicaciones científicas mexicanas (Cervantes, 2014).

Durante la época del dominio español, en la nueva España, Don Juan Suárez de Peralta fue el primer Albéitar novohispano (sobrino de Hernán Cortés) escribió el primer libro de veterinaria en América: "Tratado de Albeitería", en 1575, en el describe enfermedades, anatomía, patología, fisiología, farmacología y la herbolaria medicinal azteca.

Ilustración 89: Los rumiantes, primero consumen todo el pasto que pueden luego realizan la rumia que consiste en regurgitar el material consumido semidigerido lo remastican y lo ensalivan.

Suárez de Peralta describe en su tratado, que la telaraña cargada de vestigios de harina de trigo, si se aplicaba sobre las heridas de los caballos; éstas se secaban en forma asombrosa, con lo cual, se adelantó sin saberlo, 400 años a la era de los antibióticos. También quería que los albéitares de la Nueva España se formaran en una nueva escuela. Pero desafortunadamente sus gestiones ante los primeros virreyes no tuvieron éxito (Castañeda Paniagua, 2015).

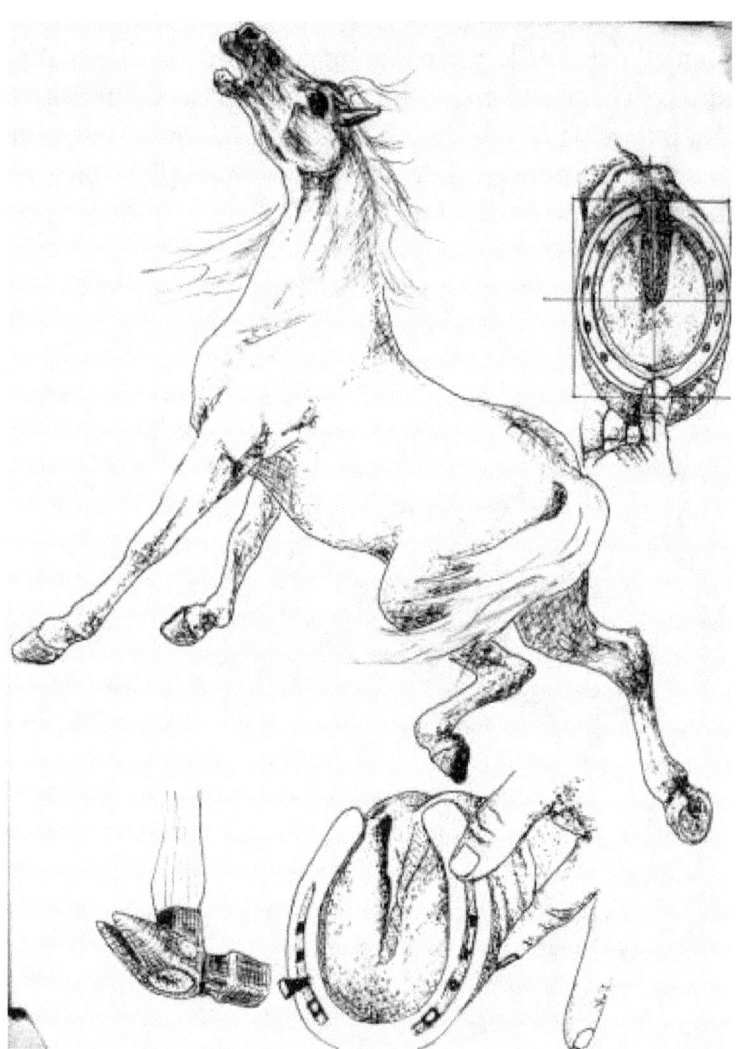

Ilustración 90: Los primeros albéitares herradores llegaron a la isla la española y de ahí pasaron a la nueva España. El herrador Cristóbal Ruiz llegó a México en 1519.
En 1524 el cabildo de la Ciudad de México advirtió a los albéitares-herrero no sangrar en las calles o plazas públicas, "so pena de cuatro pesos de oro" (Cordero 2013)

Después de la independencia de México y durante todo el siglo XIX, aparecieron varias publicaciones, seminarios de agricultura, historia de México, la gaceta agrícola-veterinaria, el boletín de la sociedad agrícola mexicana, y la ilustración veterinaria. En 1906 el Ingeniero Barreiro escribió la "Reseña histórica de la enseñanza agrícola y veterinaria (Cervantes, 2014).

En 1842 se publicó un libro del maestro herrador y albéitar Don Salvador Monto y Roca, relacionado con la sanidad del caballo y otros animales. Durante este tiempo y al comienzo del México independiente todo era netamente hipiátrico empírico, y se formaban en los talleres de forja y herraje. Durante el siglo XVIII, la veterinaria se consideraba una disciplina unida a la agronomía, ésta trataba la producción de alimentos y algo de zootecnia, y la veterinaria se dedicaba exclusivamente a los caballos, el medio de locomoción de la época.

Ilustración 91: Garrapata, es un ectoparásito que ese alimenta de sangre, causante de muchas enfermedades tanto en el ganado como en las mascotas y en las personas; el cambio climático es favorable para la proliferación de estos parásitos.

La primera escuela de medicina veterinaria en América

La profesionalización de la medicina veterinaria en México, ocurrió en el siglo XIX, gracias a una serie de factores políticos, educativos y científicos, que se entrelazaron para permitir la fundación de la Escuela Nacional de Agricultura y Veterinaria, cuyo principal objetivo era fomentar en la población el cultivo de la ciencia y su aplicación a la industria nacional. Todo parece indicar que el Dr. Eugenio Bergeyre, médico veterinario francés, contratado por el General Santa Anna para hacerse cargo de sus caballerizas y servir al ejército mexicano, pudo influir en el general para fundar la escuela de medicina veterinaria. El mismo Bergeyre elabora el plan de estudios para la nueva escuela.

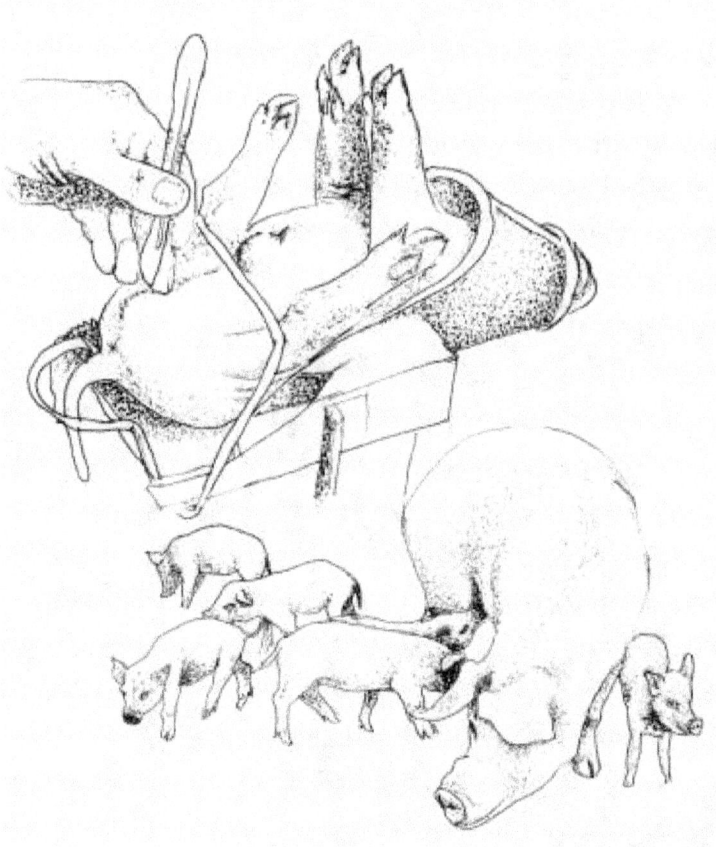

Ilustración 92: Castración de lechones. El cerdo es un animal mamífero que puede encontrarse en estado salvaje o doméstico. En China se crían cerdos desde hace unos 6 mil años.

Oficialmente, pero sin llegar a concluirse por causa de problemas civiles que enfrenta el país, el 2 de octubre de 1843 el presidente de la república, Gral. Antonio López de Santa Anna, decreta el establecimiento de las escuelas de Agricultura y Artes. Completándose para este fin de la hacienda "la Asunción" y la adquisición del hospicio de San Jacinto. El 17 de agosto de 1853 se decreta oficialmente la integración de la escuela de veterinaria a la de agricultura, siendo su primer director el Dr. Leopoldo Río de la Loza, quedando registrada la fecha como el día del médico veterinario. Así mismo, se establece una escuela de veterinaria agregada a la de agricultura que existe en el colegio de San Gregorio (Taylor, 2010).

Otro decreto de 1856, reorganiza esta enseñanza en la escuela nacional de agricultura y veterinaria, que subsistiría como tal hasta 1914, cuando fue clausurada en razón de la inestabilidad de su entorno.

Entre 1916 y 1918 se reanudan los estudios ahora separados, en la escuela nacional de agricultura (actual universidad de Chapingo) y la escuela nacional de medicina veterinaria, ambas dependientes de la Secretaría de Agricultura y Fomento. Con la ley orgánica que dio autonomía a la Universidad Nacional, ésta incorporó a la escuela de veterinaria, al parecer gracias al esfuerzo de sus propios alumnos.

Ilustración 93: Animales de traspatio del México rural.

En 1862 egresan los primeros médicos veterinarios. La escuela veterinaria perduró hasta 1914, año en que se dieron los más cruentos ataques de la revolución y por esta razón tuvo que ser clausurada. El 11 de abril de 1916, se establece la escuela nacional de medicina veterinaria, desligada de la agricultura. Esta continuaba siguiendo las tendencias de la agricultura veterinaria y zootecnia francesa, dicha tendencia duró hasta 1930, año en que la influencia anglosajona sustituyó a la escuela francesa. En 1929 fue anexada a la Universidad Nacional Autónoma de México (UNAM). Durante los primeros noventa años la medicina veterinaria mexicana mostró ciertos elementos de desarrollo individual. En 1945 se añadió el término zootecnia. (Cervantes Sánchez, 2003).

Ilustración 94: Yunta de bueyes. Los bueyes han ejercido una función considerable en el desarrollo cultural y económico desde su arribo a estas tierras. Sin embargo con la difusión de la industrialización, las máquinas fueron desplazando rápidamente a estos animales, sin llegar a sustituir completamente. Benito Arias Montano lo llamo el príncipe de los animales al servicio del hombre, el que una vez domado es potencia y seguridad en el esfuerzo, la precisión y la profundidad en el trazo de los surcos, la sumisión e inteligencia en interpretar la voluntad del dueño, así proporciona a los hombres servicio, leche, cría y finalmente su carne.

José de la Luz Gómez fue uno de los primeros graduados de la nueva carrera de veterinaria. El Colegio Nacional de Agricultura otorgaría a los egresados de la carrera el título de profesor veterinario (y no el de médico veterinario). Este personaje consolidó plenamente la medicina veterinaria como profesión; a él de debemos la incorporación del gremio a la Academia de Medicina. Fue pionero en la investigación microbiológica en México, fue el primer veterinario en crear vacunas animales en nuestro país; y formó parte del equipo que produjo la primera vacuna antirrábica para humanos, en México, en 1888. Su trabajo en el área de la microbiología lo llevó a ser una figura clave en el Consejo Superior de Salubridad, donde diseñó y reglamentó una serie de medidas de salud pública en la Ciudad de México, las cuales se aplicaron a todo el país (Uribe & Cervantes, 2011).

En 1916, la escuela se dividió en la de agricultura actual, Universidad Autónoma de Chapingo y la Escuela Nacional de Medicina Veterinaria, manteniéndose la dependencia de ambas a la Secretaría de Agricultura. Una vez terminado el conflicto armado, se le otorgó la autonomía a la Universidad Nacional de México. El presidente Emilio portes Gil decretó que la Escuela Nacional de Medicina Veterinaria pasará a formar parte de la Universidad Nacional Autónoma de México. Para 1939 cambió a escuela nacional de medicina veterinaria y zootecnia hasta que en 1969, le fue otorgada la categoría de facultad (Veterinaria, 2013).

Ilustración 95: Animales que ayudaron a construir una sociedad.

El ejercicio profesional veterinario en México, estaba influido por distintas corrientes políticas, sociales y económicas, obligándolo a desempeñar papeles supeditados a las condiciones que tales corrientes imponían, así por ejemplo, los veterinarios egresados durante la segunda mitad del siglo XX, dedicaban toda su atención a la cura del caballo, pues no existía ninguna otra ocupación de trabajo, y su actividad era más bien artesanal, esta los diferenciaba muy poco de los herradores y caballerangos.

Durante la revolución mexicana, los veterinarios sustituyeron con frecuencia a los médicos cirujanos en la atención de humanos, lo que les concedió cierto valor en la sociedad, después de la revolución y hasta antes de la aparición de la fiebre aftosa, los veterinarios comenzaron a manejar otras especies animales, y otras áreas de servicio de salud entre ellas la clínica de vacas y la inspección sanitaria de la leche y carnes, aunque seguía prevaleciendo el ejercicio profesional en equinos (Ramírez Necoechea & Berruecos Villalobos, 2006).

A partir de 1939, se conocerá como escuela nacional de medicina veterinaria y zootecnia, para aludir también a la cría y mejora de especies económicamente valiosas, hubo un incremento de alumnos gracias a la epidemia de fiebre aftosa que puso en crisis la ganadería bovina del país entre 1947-1955. En el 1955 la escuela se trasladó a sus viejas instalaciones de San Jacinto.

La fiebre aftosa

Durante los primeros 90 años, la medicina veterinaria mexicana mostró cierto desarrollo individual, sin embargo, su desarrollo a nivel gremial se llevaría a cabo durante la epizootia de la fiebre aftosa que invadió el país.

El 28 de diciembre de 1946 los encabezados de Excélsior anunciaban la aparición de la fiebre aftosa en México. El origen de esta enfermedad inicialmente se atribuyó a la importación de ganado cebú brasileño, sin embargo evidencias historiográficas demuestran que la fuente fue otra. No entraremos en detalles sobre este tema, solo diremos que en México hubo un silencio impuesto que duró 30 años.

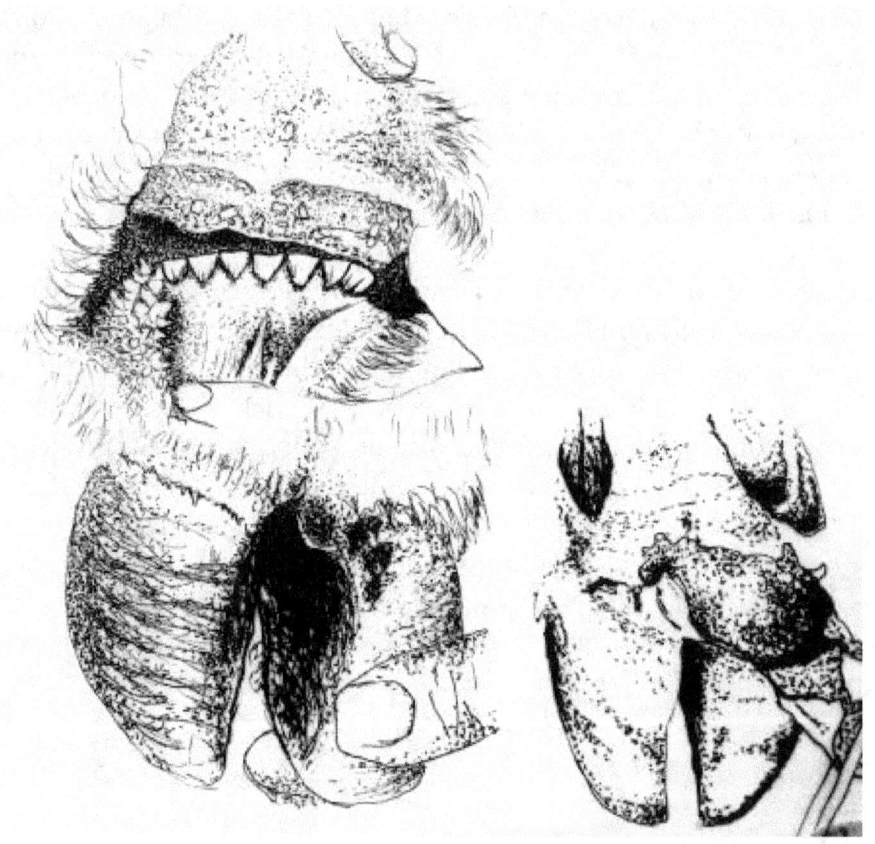

Ilustración 96: La fiebre aftosa, la epidemia que contribuyó al desarrollo de la medicina veterinaria en México.

El gobierno americano se alarma, y para evitar la propagación apoya al gobierno mexicano con recursos financieros, personal y equipo, imponiendo el método del rifle sanitario. Después de ocho meses este método demuestra su ineficacia cuando el pueblo mexicano está a punto de sublevarse. (Cervantes Sánchez, 2003)

Con el rifle sanitario (sacrificio inmediato), se mataron casi un millón y medio de bovinos, principalmente de yunta y vacas lecheras, que se pagaban al propietario a un precio irrisorio y se le exigía mucho papeleo para demostrar la autenticidad de su propiedad. En Senguio, Michoacán, después de una discusión, mataron a dos veterinarios mexicanos y a dos veterinarios gringos, el gobierno después mandó ajustar cuentas a los lugareños. Todo esto contribuyó a que el rifle sanitario fuera sustituido por la vacunación (Cervantes Sánchez, 2003).

Hasta antes de que se presentara la epizootia, los veterinarios mexicanos habían logrado producir vacunas y bacterinas para controlar las enfermedades más comunes, pero no estaban preparados para una enfermedad tan insidiosa, como la fiebre aftosa. Se requirió de una adaptación tecnológica, una cepa mexicana para producir vacunas aquí mismo, con este hecho la medicina veterinaria mexicana adquirió una personalidad propia.

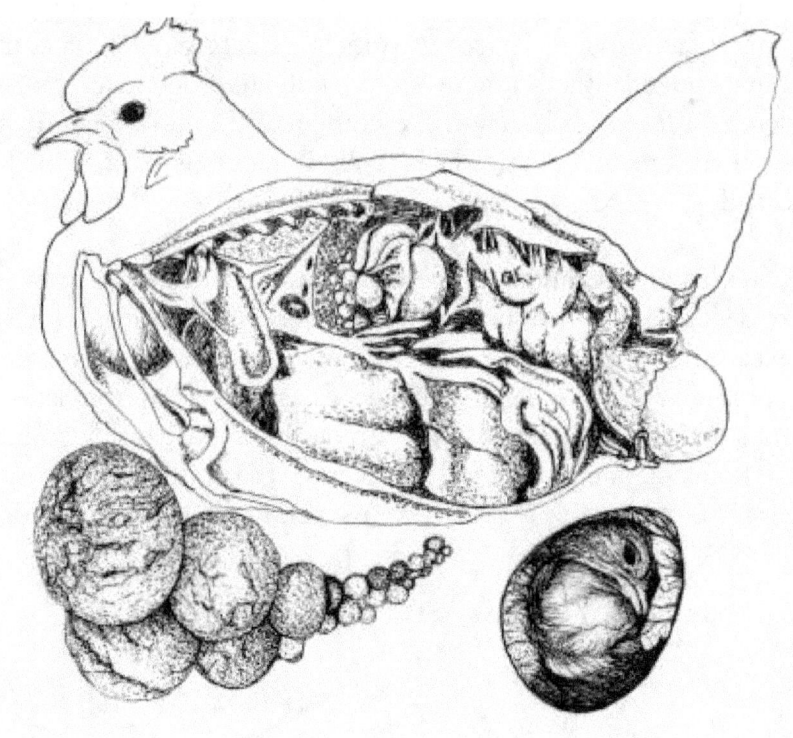

Ilustración 97: El antepasado de las gallinas ponedoras solo era capaz de poner conjuntos de 12 huevos en distintos momentos del año. La gallina ponedora actual tiene la capacidad de producir unos 300 huevos al año.

Esta crisis sanitaria, vino a marcar el rumbo de la medicina veterinaria mexicana, fortaleció a la comunidad veterinaria, en la carrera se incluyeron las cátedras de virología, enfermedades infecciosas y salud pública. Pero si bien dio un gran estímulo al área médica, descuidó visiblemente al área de la zootecnia. La dieta de los mexicanos cambió, se prefirió el consumo del pollo.

En 1955 se controló la fiebre gracias a la vacuna, ese mismo año la fundación Rockefeller emprendió en México el programa de productividad pecuaria, gracias al factor externo se logró reactivar la ganadería, bajo la dirección del investigador norteamericano John Anthony Pino, quien contribuyó al desarrollo de la avicultura mexicana.

"La comunidad científica fue el motor y la fuerza que dio el salto cuántico en ciencia y tecnología en México, en el siglo XX", afirma el Dr. Ruy Pérez Tamayo, miembro del Sistema Nacional de Investigadores en México. A principios del siglo XX, la comunidad científica en México era muy pequeña, prácticamente sin posibilidades de crecer, puesto que sus esfuerzos se limitaban a repetir lo que se hacía en el extranjero. Uno de los factores que han limitado el desarrollo científico y tecnológico es la escasez de recursos para financiarla, equipamiento y espacios apropiados.

En México, la comunidad científica fue impulsando y otorgando prestigio al conocimiento, debido a la contribución que ha tenido la ciencia en el desarrollo integral de la sociedad mexicana. Lentamente, se comenzó a consolidar la investigación científica, dando origen a los primeros grupos de investigadores, se consolidaron las escuelas pioneras en diversos campos del conocimiento. Sin embargo, ninguno de los episodios fundamentales del crecimiento de la ciencia fue iniciativa del gobierno. El crecimiento y consolidación de grupos científicos has sido gracias a la tenacidad e insistencia de los investigadores (Pérez Tamayo, 2012).

Ilustración 98: Entre las principales causas de las pérdidas en la ganadería se encuentran los incendios y sequías.

9. SIGLO XX
El ocaso de un milenio y la espera del futuro

El perfil del veterinario cambió fuertemente entre el comienzo y la finalización del Siglo XX, fue hasta después de la segunda guerra mundial, que se notaron los adelantos de la ciencia en casi todos los campos, entre ellos la medicina veterinaria. Los avances hechos por los alemanes en época de guerra se aprovecharon en época de paz.

Así como la producción pecuaria ha sido modificada gracias a los cambios propios del sistema: las máquinas, el plástico, la computación, entre otros; a principios del Siglo solo algunos países aprovechaban los adelantos de la ciencia. El resto del mundo ni siquiera contaba con escuelas, los progresos que hubo en este tiempo fueron individuales, no gremiales, como la producción de vacunas.

Ilustración 99: El mono britches. Este se convirtió en el emblema de los activistas contra el maltrato animal, cambió la historia relacionada con los experimentos realizados con animales.

El fisiólogo ruso Pavlov, utilizó perros para realizar sus experimentos.

Al comienzo del Siglo XX, destaca el acontecimiento de la primera mujer veterinaria en 1916. Se publicó el nombramiento de la alemana Marianne Plehn como profesora de la escuela de Múnich y en septiembre de 1916, Eleanor Mc Grath se convertía en la primera mujer en ser admitida como miembro de la *American Veterinary Medical Association*. Aunque hoy en día se cree que las rusas Krusewka y Dubrowilskaia, se graduaron en Zurich (Suiza) en 1889. La inglesa Aleen Cust fue admitida con nombre falso en la New Veterinary College de Edimburgo, se graduó en 1900 (Vela Jiménez, 2012).

Ilustración 100: Perra Layka, la odisea de la perra callejera enviada a morir al espacio. Layka fue el primer animal puesto en órbita allanando el camino para los primeros astronautas. (Layka en ruso significa labrador)

Ilustración 101: Ubre blanca. Esta vaca cubana mantiene el record de la mayor producción de leche en un día con más de 109 litros. Su alta producción de leche no fue una casualidad, sino un proyecto personal de Fidel Castro para superar la cifra de la vaca estadounidense Arlinda Ellen que mantenía el record de 80 litros.

Otro de los avances que se registra ron en este Siglo, se relaciona con la experimentación que permitió realizar las primeras trasfusiones sanguíneas. Como antecedente encontramos que Richard Lower, en 1665, fue el primero en realizar una transfusión sanguínea de animal a animal y de animal a humano. Los experimentos con animales que se desarrollaron entre los años 1900 y 1916, permitieron que las transfusiones se convirtieran gradualmente en el tratamiento rutinario que conocemos en la actualidad (Animal Reserch, 2008).

Otro de los ámbitos de desarrollo fueron los trasplantes de órganos. El trasplante de los principales órganos depende de la capacidad para unir los vasos sanguíneos. Alexis Carrel desarrolló un método efectivo utilizando gatos y perros, por lo que recibe el premio Nobel en 1912, también experimentó con trasplantes renales (Animal Reserch, 2008).

Ilustración 102: Los conejos son el cuarto animal más criado en el mundo. La cunicultura es poco practicada en México.

Tuvimos que esperar los adelantos tecnológicos para entender la verdadera naturaleza de las actividades simbióticas de la flora de la panza de los rumiantes.

Hay que citar como figura destacada a Gastón León Ramón (1886-1963), el gran coloso de la veterinaria del siglo XX. En 1923 descubrió las antitoxinas, una de las más grandes contribuciones hechas por los veterinarios a la humanidad, salvó un innumerable número de niños frente a la difteria y a una gran cantidad de heridos de guerra, frente al tétanos. Fue director del instituto Pasteur; muy cerca estuvo de obtener el premio Nobel (Dualde Pérez, 2009).

Ilustración 103: La teratología o estudio de las anomalías y malformaciones en un organismo animal y vegetal en especial de origen embrionario. Es la rama de la ciencia veterinaria más olvidada por los médicos veterinarios.

En 1933 Septimus Sisson, médico veterinario Inglés y profesor de anatomía comparada en el *College of Veterinary Medicine*, contribuyó ostensiblemente al desarrollo de la anatomía doméstica. Elaboró en colaboración con Grossman el libro: Anatomía de los animales domésticos (Sisson & Grossman, 1982).

Destaca en 1953 la descripción de la estructura del ácido nucleico (DNA) por Francis Harry Compton Crick, Maurice Wilkins y James Dewey Watson, por sus investigaciones del eje determinístico de la herencia; quienes recibieron el Premio Nobel de Medicina en 1962. Hecho que abrió un campo de dimensiones científicas insospechadas. Pero tuvo que esperar el desarrollo de la biotecnología ya en el nuevo milenio, para que este hiciera algunos cambios en la selección de especies domésticas y pudiéramos hablar de clones y mutantes (Varela, 2014).

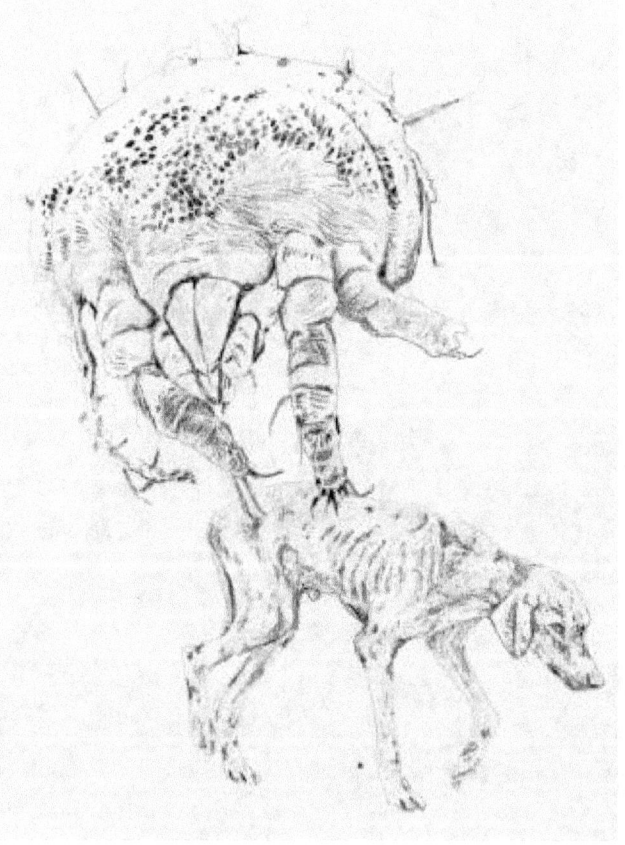

Ilustración 104: La sarna es una infección de la capa superior dela piel causada por un parásito. La hembra parásito penetra debajo de la piel donde deposita los huevecillos.

En 1957, se crea la Asociación Mundial de Veterinaria, sociedad internacional que es a la vez comité permanente de los congresos (Morini, 1886).

En 1965, la Organización Mundial de la Salud (OMS), definió el término zoonosis aplicable a todas la enfermedades e infecciones en las que puede existir relación animal hombre y viceversa.

En 1956, el concepto de zoonosis es definido por la Organización Mundial de la Salud (OMS), como aplicable a cualquier enfermedad que de manera natural es transmisible de los animales vertebrados al hombre. Sin embargo, en 1959 se modificó el término zoonosis para darle un sentido más amplio para denominar así las enfermedades que se trasmiten entre los animales y el hombre (Fuentes Cintra, Pérez García, Suárez Hernández, Soca Pérez, & Martínez, 2006).

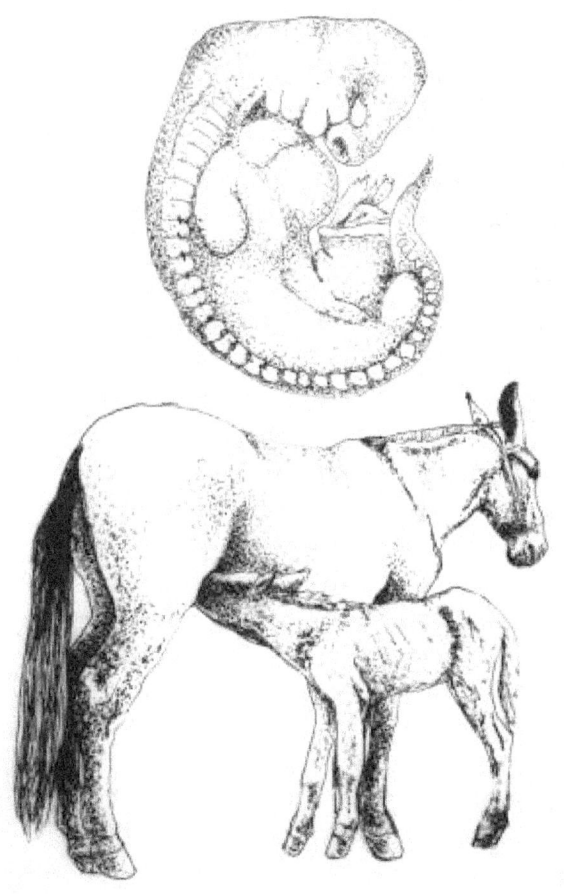

Ilustración 105: Trasplante de embriones.

La transferencia de embriones en equinos fue reportada por primera vez en 1972 en gran Bretaña, el progreso ha sido lento en comparación con lo que se ha logrado en otras especies.

El veterinario estadounidense coronel Harry A. Gorman, creó un tipo de prótesis de cadera que después fue adaptada para los humanos (Loeza, 2014).

Prusiner, en 1991, descubre esa molécula proteica llena de misterio: el prion. Agente causal de algunas enfermedades, colocando a la ciencia en el borde mismo entre lo que tiene y lo que no tiene vida propia.

Otro acontecimiento importante en este Siglo fue la clonación de la oveja Dolly, primer mamífero en ser clonado de una célula adulta. La clonación siempre ha estado presente en la naturaleza, desde las bacterias asexuales a las aves vírgenes en pulgones, los clones nos rodean y no son en esencia distintos de otros organismos.

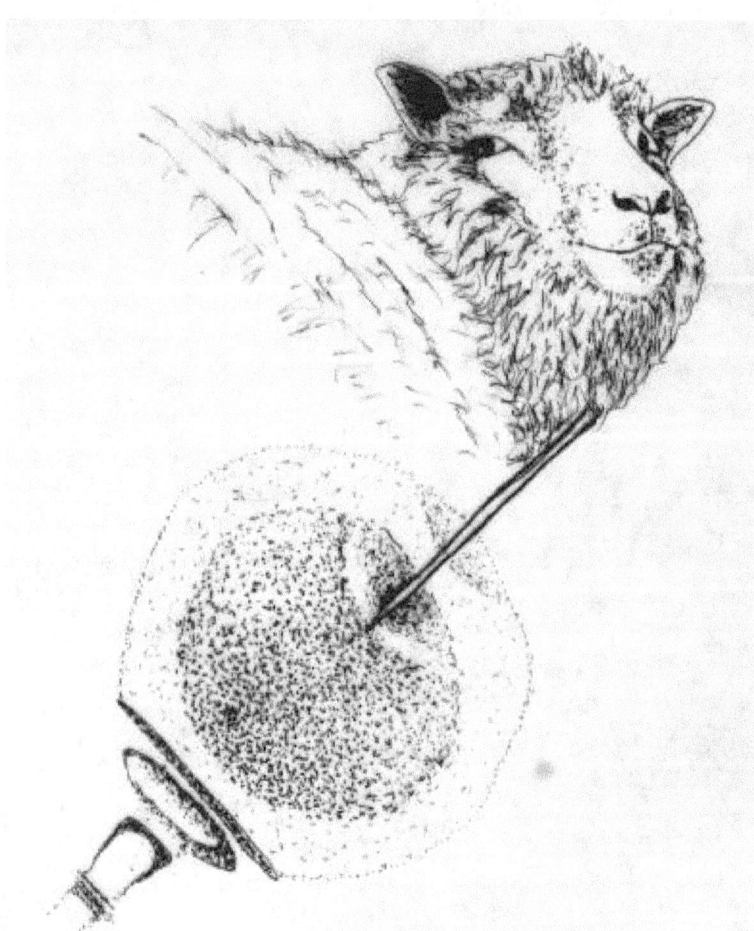

Ilustración 106: La oveja Dolly fue el primer mamífero clonado a partir de una célula adulta, en 1997.

Antes de Dolly ya se habían producido varios clones en el laboratorio, incluidos sapos, ratones y vacas. Después de Dolly se han clonado otras ovejas, a partir de células adultas para producir gatos, conejos, caballos, burros, cerdos, cabras y vacas. En 2004, se clonó un ratón usando el núcleo de una neurona olfativa, lo que demostró que el núcleo del donador puede provenir de cualquier tejido del cuerpo que habitualmente no se divida (Animal Reserch, 2008).

Ilustración 107: Los gatos son las mascotas más populares en Estados Unidos. En este país hay casi tantas mascotas (305 millones) como número de habitantes (324 millones). Le sigue Europa y en Latino América la mascota manía apenas está comenzando.

En marzo de 1996 se dispara una alarma médico-social en Gran Bretaña, la encefalopatía espongiforme bovina (EEB), que se vincula a la enfermedad de Creutzfeldt-Jakob: el mal de las "vacas locas", supone por un tanto un peligro mortal para el ser humano (Schott, 2003).

En 1999, la Organización Mundial de la Salud (OMS), convocó a una conferencia de expertos pertenecientes a 18 países industrializados, en vías de desarrollo y entransición. La conferencia fue realizada en Teramo Italia, en colaboración con la Organización de las Naciones Unidas para la Agricultura y la Alimentación (FAO) y la Oficina Internacional de Epizootias (OIE).

El propósito principal fue considerar en qué medida los programas de Salud Pública Veterinaria (SPV) contribuían globalmente a la salud pública, con particular énfasis en vías de desarrollo. En la conferencia de definió a la SPV como: "las contribuciones al bienestar físico, mental y social de los seres humanos mediante la comprensión y aplicación de la ciencia veterinaria". Se entendió que la nueva definición era más consistente con la definición de "Salud para todos en el siglo XXI" de la OMS (Robinson, 2001).

Entre estos y otros sucesos termina el Siglo XX. El año 2000 estuvo cubierto por diversas expectativas, la vez que llegamos al futuro, año del fin del mundo; sin embargo, estábamos equivocados, los problemas sociales y de salud pública en el planeta Tierra se incrementan, se sufre una explosión demográfica como nunca antes en su historia.

Ilustración 108: Berraco

10. SIGLO XXI

En los albores de un nuevo milenio

El día que llegamos al mañana. El mundo evoluciona con rapidez, es la era de los grandes avances tecnológicos, las computadoras y los teléfonos inteligentes. Por ello, la formación de los veterinarios debe incorporar nuevos problemas y adaptarse contantemente para atender las exigencias sociales en materia de seguridad sanitaria e inocuidad de los animales, salud pública y bienestar animal.

Ilustración 109: Laminitis, antiguo trauma que sigue dando de qué hablar en la actualidad, muchos caballerangos siguen utilizando la misma técnica de antaño sin mucho éxito (sangrado).

El inicio oficial de las festividades del "Año veterinario Mundial 2011", fue el 24 de enero en el palacio de Versalles (donde vivió Luis XV), con la presencia del presidente Nicolas Sarkozky, funcionarios de gobierno y agentes de la OIE, de la FAO y de la OMS. En muchas partes del mundo se continuó con la celebración. En México las conmemoraciones se iniciaron en la facultad de medicina veterinaria y zootecnia de la UNAM.

En el año 2003, OIE, se convirtió en la Organización Mundial de la Sanidad Animal, pero conserva su acrónimo histórico: OIE. Es la organización intergubernamental encargada de mejorar la sanidad animal en el mundo (Hubeñak, 2015).

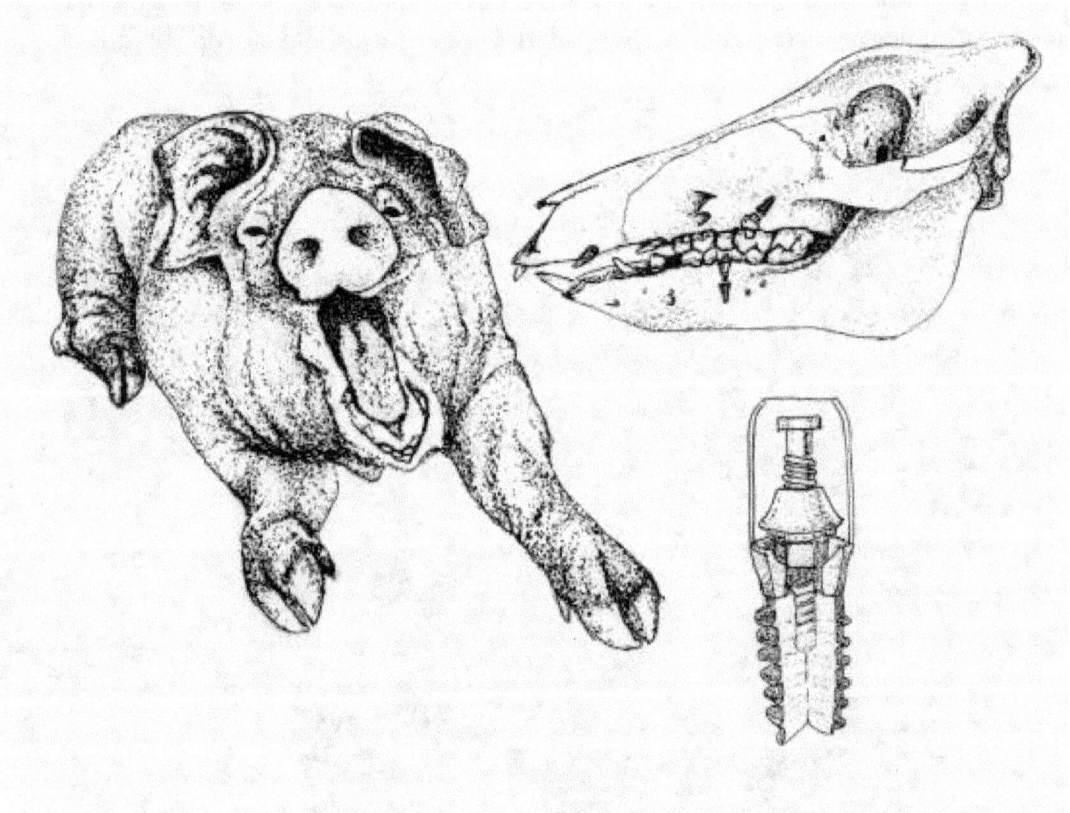

Ilustración 110: Granjas de cerdos, especializadas en criar animales para la experimentación, como prótesis dental.

Entre otro de los avances logrados en este Siglo XXI, encontramos que se logra completar el genoma de la vaca. El avance puede abrir la puerta hacia la mejora genética del ganado vacuno para lograr animales más productivos. La vaca de raza Herford llamada L1 dominante cuyo genoma completo se ha secuenciado (Rivera, 2009).

El desarrollo de las tecnologías se orienta decididamente hacia aquella base científica, que desplaza gradualmente la tecnología empírica, sin remplazarla totalmente. En pleno Siglo XXI hay veterinarios que aplican sangrías a caballos contra la laminitis (dolor agudo en las patas). Aunado a los avances científicos y el desarrollo de la tecnología, como la biología celular, inmunología, biotecnología, ingeniería genética y la informática; todas ellas le han asignado nuevas responsabilidades a la medicina veterinaria, por lo que se observa que el campo de acción del médico veterinario ha ido creciendo.

Ilustración 111: El injerto de una oreja humana en un ratón abre nuevas vías a los trasplantes. Rana de cristal originaria del centro y Sudamérica. Selección genética en pollos.

Científicos españoles crean quimeras de humanos y monos en china. El equipo de Juan Carlos Izpsua (veterinario y biólogo, inyectaron células madres de personas en embriones de animales, con el fin de avanzar en la generación de órganos para trasplantar. El experimento se realizó en aquel país oriental para sortear las trabas legales (Ansede, 2019).

Actualmente, el médico veterinario, además de estudiar las especies tradicionales, se le exige la investigación de medicamentos más eficientes, mejoramiento de razas y preservación de especies en peligro de extinción.

Además, se está abriendo un amplio panorama en el que se incluyen especies que hasta hace poco no eran objeto de estudio como: animales de zoológico, fauna silvestre, animales de laboratorio, acuacultura y apicultura. Así mismo, se está trabajando en la cría de cerdos para la obtención de órganos para trasplante, estas son opciones para especialistas. Muchas de las investigaciones actuales ya no son individuales como se hacía hace tiempo, hoy en día son equipos de trabajo. En experimentos con animales, el veterinario se encarga de monitorear cuidado y bienestar del individuo y el demás personal son profesionales que se encargan de desempeñarse cada quien en su ramo.

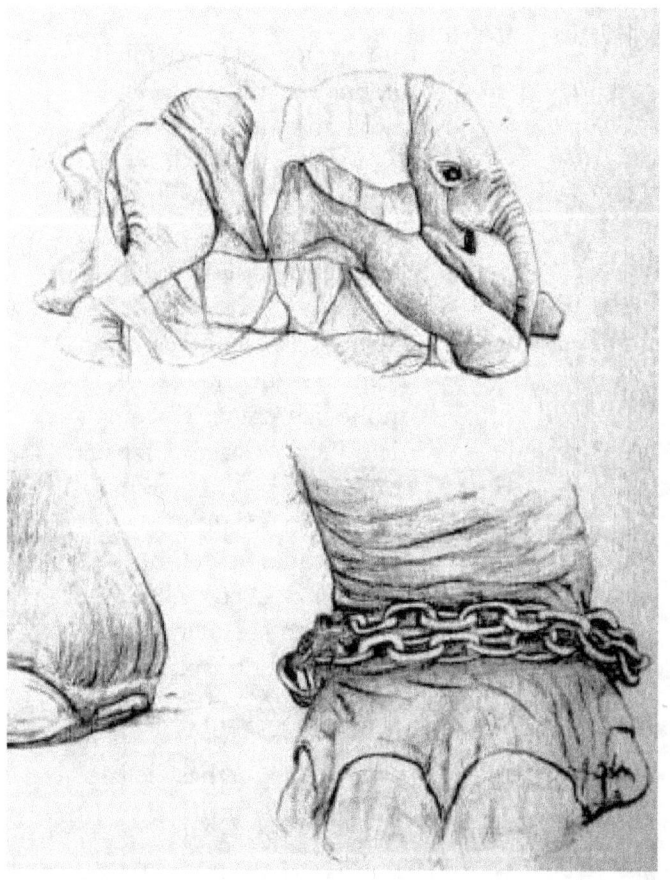

Ilustración 112: El lado oscuro del turismo del elefante en lugares donde los tienen en cautiverio. Lo recomendable es visitar elefantes en su hábitat natural; beneficia la economía local, genera empleo e impide el maltrato animal.

En junio del 2008, se realizó el primer trasplante de órgano completo cultivado a partir de las propias células madre de un paciente. Después de que los estudios preclínicos con éxito en ratones y cerdos, hicieron confiar en utilizarlo en humanos. Hay granjas de cerdos que son criados exclusivamente para estudios (Animal Reserch, 2008)

Ilustración 113: Cerdos, una de las principales carnes de consumo en la alimentación.

Híbridos entre humanos y ovejas.

Un equipo de científicos ha conseguido crear en un laboratorio unos seres híbridos muy particulares: una quimera que es un hombre y una oveja a la vez. Aunque la proporción de células humanas en estos organismos es, por ahora escasa. Esto nos acerca al cultivo de órganos humanos dentro de los animales. Hablamos de las quimeras, usar animales para cultivar órganos humanos totalmente personalizados y compatibles, es una de las grandes promesas de la medicina contemporánea.

La posibilidad de crear órganos perfectamente compatibles sería algo realmente revolucionario. Hiro Nakauchi de la Universidad de Stanford y su equipo, han conseguido crear una quimera con una célula humana por cada diez mil células de oveja, la contribución de las células humanas hasta ahora es muy pequeña. No es nada como un cerdo con cara o cerebro humano.

La proporción de células humanas en este organismo es por ahora escasa. No obstante, los investigadores esperan llegar a un punto que les permita extraer órganos para trasplantarlos en pacientes en lista de espera. Es una prometedora idea que no deja de plantear cuestiones éticas en cuanto a la situación de estos extraordinarios seres vivos (xataca.com, 2018).

Ilustración 114: Rumiantes: búfalo, bisonte, el uro salvaje (*bos primigenius*) el antecesor del ganado europeo. El último ejemplar de estos desapareció el 1627, en Polonia. Un poderoso toro que alcanzaba casi dos toneladas de peso y superaba casi los dos metros de altura. Julio César escribió: su poder y velocidad son impresionantes, no perdonan hombre ni bestia al que hayan puesto el ojo enzima. Los nazis lo consideraban un símbolo de la Europa e hicieron esfuerzos para resucitarlo, todavía quedan algunos ejemplares vivos que descienden de aquellos experimentos.

En salud pública, inspección y control de calidad de alimentos de origen animal, están surgiendo nuevas normas de insumos pecuarios respecto a residuos de antibióticos, hormonas, pesticidas, etc.

Actualmente, ha surgido la preocupación por el elevado uso de insumos en la producción de alimentos, los viejos esquemas de explotación están siendo cuestionados, por el agotamiento de recursos no renovables, hay interés por sistemas sustentables, por el bienestar animal y la inocuidad alimentaria (Albeitar.portalveterinaria.com, 2001).

Uno de los más grandes retos del nuevo milenio serán los cambios del medio ambiente y sus implicaciones en la salud animal y humana, preservar la calidad del agua, el aire, el suelo, flora y fauna, dentro del entorno de la producción animal y el desarrollo sostenible, es una tarea de la veterinaria, al lado de otras especialidades.

Ilustración 115: Escultura haciendo alegoría al calentamiento global.

Por un lado, se requieren más profesionales en defensa del medio ambiente, el bienestar animal, y la investigación científica, por otro lado se está dando mucha oferta en la clínica de pequeñas especies. Aquí también el perfil de médico veterinario ha experimentado un cambio, del tradicional masculino a femenino (Luque Forero, 2017).

Los modernos médicos veterinarios no pueden ser indiferentes a los cambios sociales, políticos y económicos, que ha experimentado el mundo en el último milenio.

En un mundo global, la seguridad alimentaria, la salud humana y animal, ya no son preocupaciones individuales de un país, ahora le corresponde a asociaciones colectivas y estratégicas, muchas de las enfermedades emergentes son zoonosis, como las provocadas por el terrorismo: Ántrax, influenza, entre otras. Por lo que, es responsabilidad de la medicina veterinaria brindar la apropiada dirección y pericia en prevención y atención, más allá de los límites geopolíticos.

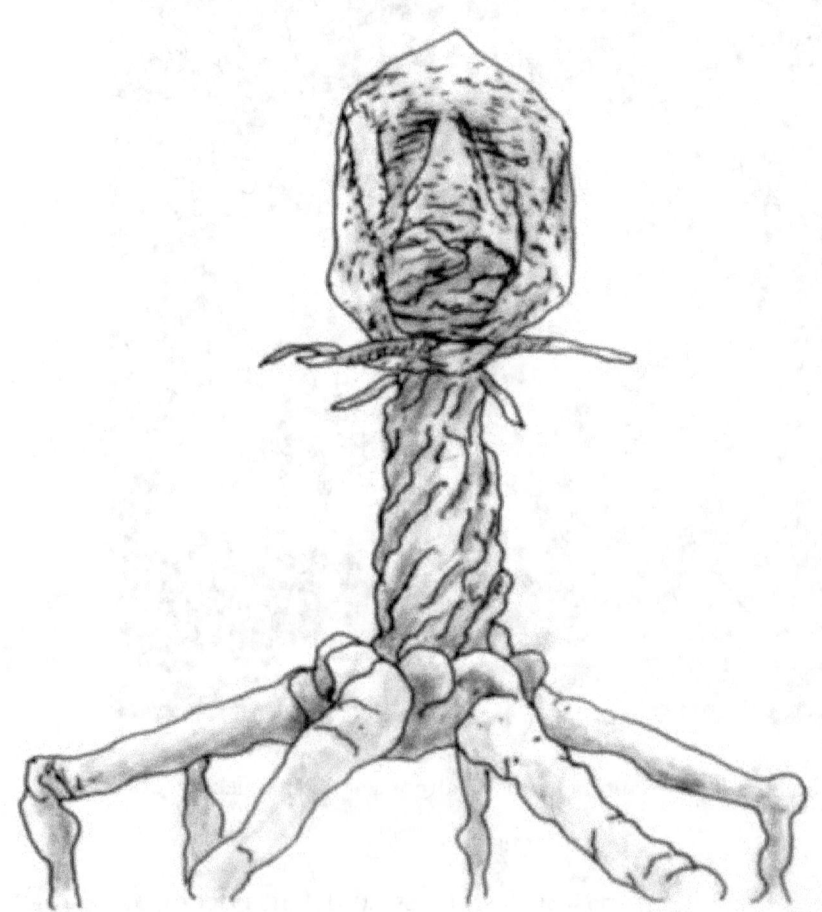

Ilustración 116: Virus un bacteriófago T4. Es un virus de ADN bicatenario que infecta a una *echerichia colin* (incluso las bacterias pueden ser infectadas por un virus).

Nos enfrentamos a un nuevo orden mundial, además de su tradicional papel de atender animales, los veterinarios deben cumplir con acciones de salud pública, investigación e inocuidad. El médico veterinario debe poseer un acervo de conocimientos mucho más amplio, adquirir nuevas capacidades y dotarse de una mentalidad que le permita desempeñarse y sobresalir en todos los terrenos.

El mundo actual es una selva de dificultades y oportunidades, hay impresionantes avances científicos y técnicos, dentro de un mundo de interconexiones culturales, sociales y económicas. Shakespeare dijo: *"lo pasado es prólogo, que es una forma de subrayar lo mucho que influye la historia en nuestro futuro"*.

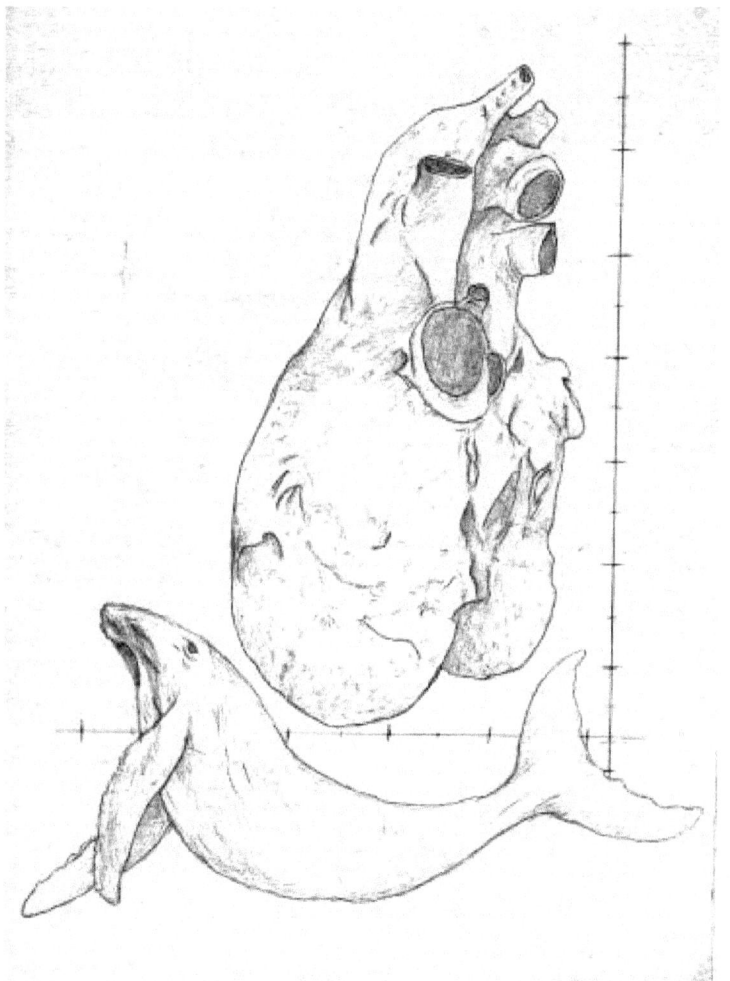

Ilustración 117: Corazón de una ballena, la necropsia en animales para determinar la causa de sus lecciones o su muerte. Esto es clave para garantizar la salud pública. El corazón de una ballena puede pesar 180 kg y medir 1.22 x 1.55 metros.

El mayor reto al que se enfrenta hoy en día la medicina veterinaria, es el de encontrar la manera de satisfacer las nuevas necesidades de una sociedad globalizada que alberga crecientes y muy diversas expectativas.

Para tener éxito debemos adoptar una mentalidad que corresponda a la idea de lograr: un solo mundo de la medicina veterinaria. Esto exige que además de ejercer nuestras funciones tradicionales en el cuidado y la salud de los animales, participar en investigación biomédica, salud de los ecosistemas; las escuelas deben graduar profesionales con conocimientos y habilidades capaces de enfrentar con éxito los nuevos desafíos que se presentarán en las próximas décadas.

Es evidente que los avances científicos-tecnológicos seguirán transformando las prácticas en medicina veterinaria, tales como la ingeniería genética que es una tecnología relativamente nueva, aunque las bases ya estaban fundamentadas en la teoría, comienza a ser útil hasta que se completan los mapas del genoma, de la especie a tratar (animal o humano) en el tratamiento y prevención de enfermedades congénitas, pero también sirve para manipular el ADN de las células y para la confección de nuevos medicamentos y técnicas médicas.

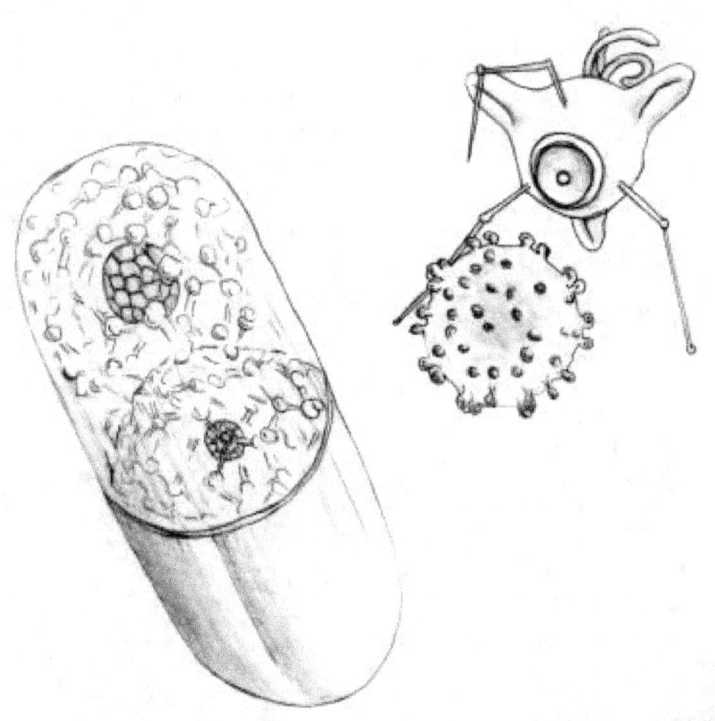

Ilustración 118:
La nanotecnología ha sido utilizada por el ser humano desde hace siglos. Los mayas la utilizaron para crear el pigmento azul.

La nanotecnología es otra de las últimas tecnologías que aplicada a la medicina han causado un gran avance. Hoy en día, se utilizan nanosensores para monitorear distintas variables dentro de los cuerpos humano o animal. También se usan nanotubos para complejas intervenciones médicas.

También se han realizado técnicas de implantación de microchips dentro de la retina del ojo, dando lugar a lo que se denomina ojo biónico.

La clonación de especies, se está empleando con la finalidad de controlar y evitar la extinción de especies, en el caso donde se exhibió clon de toro salvaje. El toro de Jahava pertenece a la especie de los banteng o toros salvajes, y saltó a la fama porque es la primera vez que se muestra el clon de una especie en peligro de extinción. Resultó de la implantación de células de piel de un banteng muerto en 1980, dentro de una vaca doméstica. Hoy quedan 8 mil banteng en Indonesia.

Otra muestra de los avances científicos es el polémico pez TK-1 modificado genéticamente para que brille en la oscuridad. Los peces TK-1 fueron creados en Taiwán modificando el ADN del medaka o pez cebra, una variedad asiática de agua dulce, al que se añadieron genes de medusas que les confieren una fluorescencia de color amarillo-verde (Calameo, 2017).

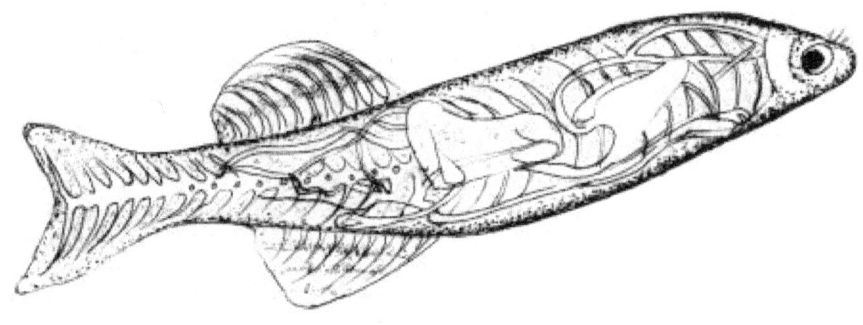

Ilustración 119: el polémico pez tk-1 (pez cebra)

Sin duda, este Siglo XXI será una etapa de desarrollo para la medicina veterinaria, es labor de todos los que participamos en este campo de conocimiento, garantizar que las actividades de experimentación y aplicación en el ámbito de la salud animal tengan impacto en la sociedad actual a nivel global, acorde con las crecientes necesidades de una sociedad más numerosa y demandante.

Ilustración 120: La fauna radioactiva de Chernóbil sale por primera vez de la zona restringida, advierten que los lobos mutantes podrían dispersar sus genes. La retirada de los humanos favoreció la proliferación de diversas especies de animales salvajes en esta zona.

11. CONCLUSIONES
Diálogos con el ayer para comprender nuestro presente

Ilustración 121: La herradura ha cambiado muy poco desde la edad media. La tendencia actual es tratar de remplazar la herradura tradicional de hierro, por otros productos como la herradura de material plástico.

A través de la historia de la humanidad, ha sido clara nuestra relación de dependencia con el mundo natural para sobrevivir. La capacidad del ser humano para aprovechar su medio ambiente incluye a los animales y lo manifestó en diversas formas: primero los identificó y después los convirtió en objetos de uso. La percepción actual sobre los animales ha cambiado, se ha transformado en compañeros de viaje en este planeta llamado Tierra.

Ilustración 122: Guerras biológicas. Agencias federales han trabajado durante años en conjunto con los departamentos de salud, para planificar y prepararse contra un ataque bioterrorista de ántrax. Esta bacteria es la más fácil de usarse: se encuentra en la naturaleza, se puede generar en laboratorio y perdura en el ambiente. Puede ser liberada silenciosamente, las esporas microscópicas pueden colocarse en polvos, aerosoles, alimentos y agua.

EL ARTE DE CURAR ANIMALES. DESDE LA ANTIGÜEDAD HASTA EL FUTURO INMEDIATO

Cada época, de acuerdo con las capacidades, su grado de desarrollo científico y tecnológico y su entendimiento del mundo, ha gestado una versión de veterinarios que generaron las condiciones para que el sector agropecuario fuera capaz de proveer los medios suficientes y necesarios para fomentar el avance de la civilización humana, la cual siempre ha estado respaldada por los adelantos de la ciencias agropecuarias.

El paso de estructuras sociales simples, como las tribus nómadas a más complejas como las naciones o estados, no hubiera sido posible sin el aporte de los veterinarios; en la antigüedad ayudaron a construir y destruir imperios, y colaboraron con el transporte hasta ya muy entrado el siglo XX. En la actualidad la contribución de la veterinaria a las ciencias médicas, ha quedado de manifiesto en innumerables ocasiones.

La ciencia veterinaria surgió a partir del conocimiento acumulado por siglos en diferentes culturas y regiones. Así se logró integrar el conocimiento empírico y científico, tomando como base la experiencia y sabiduría de curanderos, pastores, cazadores y chamanes. Se tomó como base los saberes en medicina de los griegos, romanos, bizantinos y musulmanes; surgen los albéitares, maestros herreros y mariscales. Ese esfuerzo se consolidó y actualmente se sigue expandiendo con el aporte paciente y productivo de los investigadores de este Siglo XXI.

¿Qué nos han enseñado los animales? o ¿acaso no hemos aprendido nada de ellos?, ¿son solo seres que hemos usado, explotado, comido, que nos han acompañado en este viaje, voluntaria e involuntariamente? Los cambios sociales y culturales de la actualidad han transformado las relaciones entre los seres humanos y los animales. A lo largo de la historia hemos reflexionado sobre la importancia de los animales y la necesidad del ser humano de interactuar con ellos. Y sobre todo, cómo les devolveremos el favor de ayudarnos a sobrevivir. Ellos vivieron mucho tiempo sin la presencia del hombre, aquí la pregunta es: ¿cuánto tiempo viviríamos nosotros sin ellos?

Es imposible ser indiferente a las luchas que pasaron los primeros curanderos para lograr la superación cuantitativa de esta profesión. Se sabe que la historia se hace con documentos, objetos, e ilustraciones de tiempos pasados y que estos son las huellas que han dejado los actos de nuestros ancestros; hay infinidad de manuscritos dispersos sobre el origen y el desarrollo de la medicina veterinaria, estos se deben buscar, estudiar, analizar y ordenar para que en última instancia se interpreten y se les asigne el valor histórico que les corresponde.

Hoy en día, cuando pensamos en la profesión del médico veterinario, es común relacionarlos con la salud y enfermedades de los animales domésticos, sin embargo, si rompemos un poco los estereotipos, y analizamos con mayor profundidad el aporte hecho por las ciencias veterinarias, es posible notar que no ha sido solamente curar animales, generar poder militar, controlar enfermedades y garantizar alimentos de buena calidad para la sociedad, etc. Ha sido un área del conocimiento que ha transformado el actuar y actividades del entorno, como la base fundamental para el desarrollo de la sociedad.

El deber de los involucrados en el gremio de los médicos veterinarios es iniciar una reflexión profunda y colectiva sobre los retos, la proyección y la prospectiva de esta actividad. Considerando la importancia histórica y la relevancia futura de la medicina veterinaria en este Siglo XXI. Es necesario abordar la función social de esta área del conocimiento y darle un sentido de servicio para la humanidad. En la actualidad no es suficiente, solo aprender lo ya establecido, es preciso innovar, aportar algo, a esta noble profesión.

Lo que llama la atención es la continuidad del ideal del viejo curandero, el *hipiatra*, el *mulomedicus*, y el veterinario de hoy, se hallan consagrados a la misma tarea específica de ayer y más. Su trabajo ha ido adquiriendo mayor importancia y dificultad con el paso del tiempo, debido a las modernas condiciones económicas, que comparten las grandes ciudades donde se dan hacinamientos de personas y animales. No se trata solo de una añoranza y sed del saber, con un propósito incisivo, se trata del estudio de influencias antiguas en la veterinaria moderna.

Como hemos visto, la medicina veterinaria fue y sigue siendo un bastión importante en este planeta; ésta es fundamental para el equilibrio sustentable de este hábitat, si no fuera por este campo de conocimiento, este mundo fuera un lugar apocalíptico lleno de hambrunas y epidemias. La medicina cuida al hombre, la veterinaria cuida al mundo

Ilustración 123: Según dato de la FAO (Organización de las Naciones Unidas para la alimentación y la agricultura), correspondiente a los primeros tiempos del siglo XXI, las cifras de animales sacrificados anualmente para el consumo humano serían: 50.000 millones de pollos, 1.488 millones de cerdos y 305 millones de bovinos.

Alimentar al mundo en el 2050: Será necesario producir más contaminando menos. Según los cálculos la producción mundial de comida tendrá que aumentar al menos en un 60%, se estima que para entonces el planeta tendrá una población de nueve mil millones de habitantes. Cada hora mueren en el mundo aproximadamente 6.000 mil personas y nacen 15.000 mil, al día nacen 360 mil individuos y mueren aproximadamente solo la mitad.

12. ACERCA DEL AUTOR

César Zamora Cárdenas es Médico Veterinario por la Universidad Autónoma de Nayarit y también es Licenciado en artes plásticas y actualmente historiador autodidacta y escritor.

Experiencia de 22 años como médico veterinario y 4 años como artista plástico y escritor, le han permitido combinar ambos perfiles profesionales. Esta obra de su creación, ha sido totalmente ilustrada por él mismo, empleando diversas técnicas plásticas.

EL ARTE DE CURAR ANIMALES. DESDE LA ANTIGÜEDAD HASTA EL FUTURO INMEDIATO

Mural: Historia de la medicina veterinaria. Se encuentra en la escuela de medicina veterinaria y zootécnica de la Universidad Autónoma de Nayarit.

13. CONTACTO CON EL AUTOR

zamoracardenascesar@g.mail.com

Facebook: Rasec Zamorano

14. BIBLIOGRAFÍA

abc.es. (26 de Enero de 2018). Obtenido de http://www.abc.es/

Albeitar.portalveterinaria.com. (http://albeitar.portalveterinaria.com de Agosto de 2001). Evolución de la producción animal en el SIglo XX. Obtenido de http://albeitar.portalveterinaria.com

Allué, B. V. (Octubre de 2011). *Academia. edu.* Obtenido de Clalude Bourgelat, arquitecto de la veterinaria moderna de occidente.: www.academia.edu/2220312/Claude_Bourgelat_arquitecto_de_la_veterinaria_moderna_de_Occidente

Animal Reserch. (2008). *Animal Reserch.* Obtenido de http://www.animalresearch.info/es

Ansede, M. (31 de julio de 2019). *El País.* Obtenido de Científicos españoles crean quimeras de humano y mono en China: https://elpais.com/elpais/2019/07/30/ciencia/1564512111_936966.html

Belloni, L. (1973). *El microscopio y la anatomía.* Barcelona : Salvat.

Berríos, P. (30 de Agosto de 2017). *patologiaveterinaria.* Obtenido de http://www.patologiaveterinaria.cl/Monografias/MEPAVET2%202006/html/Mepavet2006-4.htm

Blanco, A., & otros, G. P. (2009). El zóologico de Moctezuma. Mito o realidad. *AMMVEPE*, 28-39.

Calameo. (30 de Agosto de 2017). Avances científicos en la medicina.

Camacho, S. (2007). La Ruta Histórica de la Educación Veterinaria 1761-1940. *Laurus*, 112-136.

Camacho, S. (2007). La ruta histórica de la educación veterinaria. 1761-1940. *Laurus. Revista de Educación*, 112-136.

Campillo, C. y. (Octubre de 2016). *Historia de la veterinaria.* Obtenido de https://www.historiaveterinaria.org/congresos/?mes=10

Campomedvet. (20 de Junio de 2017). Nuestros orígenes como veterinarios. Obtenido de https://campomedvet.wordpress.com/2017/07/20/nuestros-origenes-como-veterinarios/

Castañeda Paniagua, J. (2015). *Historia de la Medicina Veterinaria y Zootecnia.* México: Trillas.

Cervantes Sánchez, J. M. (2003). La fiebre aftosa y el desarrollo moderno de la medicina veterinaria mexicana (1946-1955). En *La historia de la ciencia en América Latina* (págs. 255-270). Universidad Católica Andres.

Cervantes, S. J. (2014). Historiografía Veterinaria Mexicana. SIglos XVI-XX. *Revista Electrónica de Veterinaria*, 1-8.

CONACYT. (2017). *Conacyt prensa.* Obtenido de http://www.conacytprensa.mx

Cordero, d. C. (2003). Historia de las relaciones veterinarias entre el viejo y el nuevo mundo. . *VIII Congreso Nacional de HIstoria de la Medicina Veterinaria*, (págs. 2-18). San Sebastián, España.

Cordis. (19 de 06 de 2012). Obtenido de Resuelto el misterio de la domesticación del caballo: https://cordis.europa.eu/news/rcn/34741_es.html

De la Isla Herrera, G. (Diciembre de 6 de 2017). Historia de la Educación Médico Veterinaria.

Del campo, M., & Sánchéz, R. (2006). El parque zoológico de Moctezuma en Tenochtitlan. *Revista de la Sociedad Mexicana de Historia Natural*.

Discover, L. (22 de Agosto de 2015). Obtenido de https://line.do/es/historia-de-la-medicina-veterinaria/onz

Dualde Pérez, V. (2009). El renacimiento y la anatomía animal. *Información veterinaria*, 28-31.

Espinosa, J. A. (2010). El descubrimiento de la vacuna antivariolosa por Edward Jenner. *Revista científico-estudiantil de ciencias médicas de Cuba*.

Fuentes Cintra, M., Pérez García, L., Suárez Hernández, Y., Soca Pérez, M., & Martínez, M. A. (2006). La zoonosis como Ciencia y su Impacto Social. *Revista Electrónica de Veterinaria*, 1-19.

García Guerrero, M. (2012). Medicina y arte. La revolución de la anatomía en el Renacimiento. *Elsevier*.

Guo-Dong Wang, W. Z. (2015). Fuera del sur de Asia oriental: la historia natural de los perros domésticos en todo el mundo. *Cell Research*, 21-33.

Hani, Z. (1 de Junio de 2011). *Universidad de Ciencias Aplicadas y Ambientales.* Obtenido de El arte en la historia de la Medicina Veterinaria: http://www.udca.edu.co

Hubeñak, L. R. (2015). *Organizaciones Internacionales. Diccionario Temático.* Buenos Aires : Dunken.

León Arenas, J. A. (2011). *Breve Historia de la Medicina Veterinaria.* Venezuela: Avisa.

Lleonard Roca, F. (1973). *ddd.uab.cat.* Obtenido de https://ddd.uab.cat/pub/jroca/jrocadocali/jrocadocali_048.pd

Loeza, P. M. (23 de mayo de 2014). *Colegio de Médicos Veterinarios de pequeñas especies*. Obtenido de Aportes de los médicos veterinarios a la salud humana y animal: http://www.comevepey.com.mx/blog/aportes_de_los_medicos_veterinarios_a_la_salud_humana_y_animal

Luque Forero, G. (18 de Septiembre de 2017). El veterinario del Siglo XXI. México.

Márquez, R. M. (2005). El intercambio de patógenos entre el viejo y el nuevo mundo, los casos de la rabia y el moquillo canino. *XI Congreso Nacional de Historia de la Veterinaria* (págs. 305-308). Murcia: Compobel.

Morini, E. G. (1886). Breves apuntes para una historia de las Ciencias Veterinarias. *Revista Veterinaria Argentina.*

Mulomedicus. (26 de Mayo de 2011). Obtenido de mulomedicus-gabinetedelalbeitar.blogspot.com

OIE. (2009). *Oie.int.* Obtenido de http://www.oie.int/fileadmin/Home/esp/Publications_%26_Documentation/docs/pdf/bulletin/Bull_2009-1-ESP.pdf

Parque Lineal del Manzanares. (s.f.). Obtenido de http://www.parquelineal.es: http://www.parquelineal.es/historia/prehistoria/herramientas-liticas/

Pérez Tamayo, R. (2012). La ciencia en México, hoy y mañana. México: UNAM.

Ramírez Necoechea, R., & Berruecos Villalobos, J. M. (2006). *Perspectivas de la Educación Veterinaria en México. Las primeras décadas del Siglo XXI.* México: Consejo Nacional de la Educación de la Medicina Veterinaria y Zootecnia.

Real Academia de Ciencias Veterinarias en España. (28 de Noviembre de 2007). La veterinaria en la atigua Mesopotamia. España.

Rivera, A. (24 de Abril de 2009). El genoma de la vaca abre vías para lograr un ganado más productivo. *El país.*

RIVERA, A. (s.f.). *elpais*. Obtenido de https://elpais.com/sociedad/2011/10/25/actualidad/1319493620_850215.html

Robinson, A. (2001). *FAO*. Obtenido de Salud pública veterinariay control de zoonosis en países en desarrollo: http://www.fao.org/docrep/006/Y4962T/y4962t05.htm

Rodríguez, Z. J. (28 de 11 de 2007). *Real Academia de Ciencias Veterinarias de España*. Obtenido de La Veterinaria en la antigua Mesopotamia: http://www.racve.es/publicaciones/la-veterinaria-en-la-antigua-mesopotamia/

Romón, A. (Agosto de 2010). *El origen de la profesión veterinaria o del albeytar.* Obtenido de mascotas foyel: www.foyel.com

Saenz Egaña, C. (1941). *Historia de la veterinaria española. Albeitería, mariscalería y veterinaria.* Madrid: Espasa-Calpe.

Sáez, C. (2017). La domesticación del caballo en los últimos 2000 años lo ha empobrecido genéticamente. *La Vanguardia*.

Sánchez, D. (16 de Diciembre de 2017). *Prehistoriaaldía*. Obtenido de https://prehistorialdia.blogspot.mx/

Saucedo Montemayor, P. (1984). *Historia de la ganadería en México.* México: UNAM.

Saucedo Montemayor, P. (1984). *Historia de la ganadería en México.* México: Universidad Nacional Autónoma de México.

Schott, H. (2003). *Crónica de la Medicina.* México: Intersistemas, S.A de C.V.

Sisson, S., & Grossman, J. (1982). *Anatomía de los animales domésticos.* España: Elservier Masson.

Slideshare. (3 de Febrero de 2018). *Slideshare.net*. Obtenido de https://es.slideshare.net/

Taylor, P. J. (2010). *Historia de la Educación Veterinaria en México.* Guadalajara, Jalisco, México: Universidad de Guadalajara.

Tendencias21. (12 de Noviembre de 2017). *tendencias21.net*. Obtenido de https://www.tendencias21.net/

Thierer, J. (2017). Los iatrofísicos, Stephen Hales y la primera medición de la presión arterial. *Sociedad Argentina de Cardiología*.

Torres León, M. A. (2011). 250 años de educación de la veterinaria en el mundo y su relación con México. *Bioagrociencias*, 19-24.

UNAM. Facultad de Medicina Veterinaria. (2003). Animales en el México Prehispánico. *Imagen Veterinaria*.

Uribe, B., & Cervantes, J. (2011). *Una mirada a la historia de la medicina veterinaria, a través de la vida y obra de José de la Luz Gómez.* Mexico DF.: Universidad Nacional Autonoma de Mexico.

Valadez, A. R. (2003). *La domesticación animal.* México : Plaza y Valdéz.

Varela, N. (2014). Breve Historia de la Medicina de Fauna Silvestre Exótica y no Convencional. *Asociación de Veterinarios de Vida Silvestre, 10 años (2004 – 2014)*, 14-34.

Vela Jiménez, J. F. (2012). La medicina veterinaria. Pasado, presente y futuro. *Revista de medicina veterinaria*.

Veterinaria, R. (2013). 160 años de la Educación Veterinaria en México. *Revista Veterinaria Argentina*.

Villamil, L. C. (2011). 250 años de educación veterinaria en el mundo. *Revista de Medicina Veterinaria*.

Vincenc, A. B. (2011). Claude Bourgelat, arquitecto dela veterinaria moderna de Occidente. *Información veterinaria*, 26-28.

Walker, R. E. (1974). *El arte veterinario desde la antiguedad hasta el siglo XIX.* España: Essex.

xataca.com. (21 de Febrero de 2018). *xataca.com/medicina y salud*. Obtenido de www.xataka.com/medicina-y-salud/estos-hibridos-entre-humano-y-oveja-nos-acercan-al-cultivo-de-organos-humanos-dentro-de-los-animales

www.ingramcontent.com/pod-product-compliance
Lightning Source LLC
Chambersburg PA
CBHW081431220526
45466CB00008B/2339